新能源对中国碳减排的贡献

王礼茂　牟初夫　屈秋实　向　宁　著

科学出版社

北　京

内 容 简 介

本书基于中国社会经济发展历史数据，利用 LEAP 模型，以 2015 年为基准年，从不同节能减排政策目标出发，研究不同情景下我国 2030 年、2040 年的能源需求结构变化、电力结构变化等，在此基础上，对风电和光伏发电的碳减排成本和补贴成本进行测算，并对风电全生命周期温室气体减排效应和影响进行测算。

本书适合研究机构的科研人员，大专院校的相关专业的师生，政府机构的管理者，以及对新能源、气候变化和碳减排等感兴趣的社会公众阅读。

图书在版编目（CIP）数据

新能源对中国碳减排的贡献 / 王礼茂等著. —北京：科学出版社，2023.7

ISBN 978-7-03-076078-4

Ⅰ. ①新…　Ⅱ. ①王…　Ⅲ. ①新能源-作用-二氧化碳-减量-排气-研究-中国　Ⅳ. ①X511

中国国家版本馆 CIP 数据核字（2023）第 143016 号

责任编辑：魏如萍 / 责任校对：王　瑞
责任印制：赵　博 / 封面设计：有道设计

科学出版社出版
北京东黄城根北街 16 号
邮政编码：100717
http://www.sciencep.com
北京科印技术咨询服务有限公司数码印刷分部印刷
科学出版社发行　各地新华书店经销
*
2023 年 7 月第　一　版　开本：720 × 1000　1/16
2024 年 1 月第二次印刷　印张：9 3/4
字数：200 000

定价：118.00 元

（如有印装质量问题，我社负责调换）

前　言

世界能源结构处在不断转换和优化中，从能源发展和演变的历史轨迹来看，已经出现了两次明显的结构转换，第一次是由薪柴向煤炭的转换，第二次是由煤炭向石油、天然气的转换。当前正处在由传统化石能源向可再生新能源的第三次转换阶段。目前，世界能源正在进行化石能源清洁化、低碳化革命，新能源规模化、经济化革命，能源系统网络化、智能化革命。大力发展风能、太阳能等可再生能源是完成能源结构转换和实现能源革命最重要的方式。

人类活动是 CO_2 排放的主要来源，其中化石能源消费是最主要的排放源。发展新能源、降低化石燃料消耗，是减少 CO_2 排放，实现碳减排的重要举措之一。由于我国的水能资源开发潜力有限，同时发展规模也受到了环境保护等多方限制，未来可再生能源发展的主体主要是风能和太阳能。

本书是在国家重点研发计划项目（2016YFA0602801）和中国科学院战略性先导科技专项（A 类）（XDA20010202）共同资助下，在牟初夫博士学位论文的基础上，经补充修改后完成的。研究重点是新能源（主要是风能、太阳能）的发展现状和未来潜力；在不同情景设定下，新能源的发展规模、能源结构的变化；风能、太阳能等可再生能源对中国碳排放强度下降的贡献率；新能源替代减排的成本与效益。

本书的具体分工如下：前言由王礼茂撰写；第 1 章由王礼茂、牟初夫撰写；第 2～4 章、第 6 章由牟初夫、王礼茂、屈秋实撰写；第 5 章由牟初夫、王礼茂撰写；第 7 章由向宁、王礼茂、屈秋实、王博撰写；第 8 章由王礼茂、牟初夫撰写。全书由王礼茂统稿。

由于作者水平有限，书中难免有不足之处，恳请广大读者批评指正。

王礼茂

2022 年 12 月 26 日

目　　录

第 1 章　重点新能源资源储量与开发潜力

新能源替代传统化石能源，既能缓解化石能源消耗增长过快、对生态环境造成严重影响的问题，又能有效补充能源供给、调整能源结构，是中国未来能源发展的战略重点（邹洋，2015）。降低能源消费总量、合理调整能源结构，在保证一定的经济发展速度的前提下，努力提高新能源在一次能源消费中的占比是降污减排的关键（王海林等，2015；Johansson et al.，2012）。统计资料显示，2015 年中国一次能源消费占全世界消费量的 22.9%，可再生能源却只占一次能源消费的 2.08%，与世界上一些占比较高的国家如丹麦（25.16%）、葡萄牙（14.63%）、德国（12.46%）等相比仍有差距。在这样的新能源应用形势下，中国想要完成自主减排行动目标，的确存在一定压力。为了解决新能源应用以及替代减排中的一系列问题，需要积极开展相关的研究。

1.1　风 能 资 源

1.1.1　风能资源总储量

风能资源的储量取决于这一地区风速的大小和有效风速的持续时间，而对于风能转换装置而言，可利用的风能是在“起动风速”和“切出风速”之间的风速段，这个范围的风能即通称的“有效风能”（薛桁等，2001）。

对风能开发潜力的估算方法主要包括以下几种：①基于气象台站常规观测资料的风能资源评估，即运用气象台站的气象观测数据进行风能资源评估，然后通过幂指数关系外推得到更高处的风能资源分布图（薛桁等，2001；龚强等，2008）；②利用风电场的测风塔观测数据进行风能资源的评估（朱飙等，2009），该方法由于成本较高，多用于小范围（如风电场）的风能资源评估；③利用数值模式的风能资源评估，较常用的包括利用第 5 代中尺度气象模式（mesoscale model 5，MM5）进行区域性风能资源评估（Jimenez et al.，2007；周荣卫等，2010）；④结合观测资料和其他影响因子的多指标综合评估（李柯等，2010）。

学者对全国风能资源理论开发潜力的估算主要分为陆上风能和近海风能两部分。对我国陆上风能资源估算较权威的结果为全国第一、二、三次风能资源普查所得到的技术可开发资源量，分别为 1.6×10^8 千瓦、2.53×10^8 千瓦、

2.97×10^8 千瓦（朱成章，2010），可以看到随着风能开发技术的进步，技术可开发资源量的递增较为明显。随着近年来风能资源评估数据获取手段更加丰富，评估结果也更加科学合理。按照全国第四次风能资源详查与评价结果，得到风能等级为 2、3、4 级和离地面高度为 50 米、70 米和 110 米的风能资源潜在开发量（表 1-1）。

表 1-1　不同机构测算我国陆上风能资源的评价结果

机构	可开发利用面积/万(千米)^2	距地面高度/米	技术可开发量*/亿千瓦	评估方法
中国气象局第二次普查（20 世纪 90 年代）	—	10	2.53	根据气象资料，按 10 米高度处的风能理论值的 10%计算
中国气象局第三次普查（2006 年）	20	10	2.97	根据气象资料，按 10 米高度处的风能密度大于 150 瓦/米 ^{2} 的面积推算
中国气象局（2007 年）	54	50	26.8	采用数值模拟技术，对 50 米高度处风能密度大于等于 400 瓦/米 ^{2} 的区域（不包括新疆、青海、西藏）按 5 兆瓦/(千米)^2 布置风电机组计算
中国气象局第四次全国风能资源详查（2007 年以来）	—	50	11.3（风能密度≥400 瓦/米 ^{2}）	在全国建立 400 座塔高分别为 70 米、100 米和 120 米的测风塔组成观测网，开发由历史观察资料筛选、数值模式和地理信息系统空间分析组成的中国气象局风能数值模拟评估系统
			23.8（风能密度≥300 瓦/米 ^{2}）	
			39.4（风能密度≥200 瓦/米 ^{2}）	
		70	15.1（风能密度≥400 瓦/米 ^{2}）	
			28.5（风能密度≥300 瓦/米 ^{2}）	
			47.9（风能密度≥200 瓦/米 ^{2}）	
		110	23.1（风能密度≥400 瓦/米 ^{2}）	
			38.0（风能密度≥300 瓦/米 ^{2}）	
			57.3（风能密度≥200 瓦/米 ^{2}）	
联合国环境规划署（2004 年）	28.4	50	14.2	评估地区不包括新疆、青海、西藏和台湾；对中国东部沿海和内蒙古等地区采用数值模拟，其他地区依据气象站资料。对 50 米高度处风能密度大于等于 400 瓦/米 ^{2} 的区域按 5 兆瓦/(千米)^2 布置风电机组计算

续表

机构	可开发利用面积/万(千米)^2	距地面高度/米	技术可开发量*/亿千瓦	评估方法
国家发展和改革委员会能源研究所估算（2007 年）	20	—	6～10	综合各方数据后，建议使用的数据：按 2×10^5(千米)^2 的可开发利用陆地面积，低限按 3 兆瓦/(千米)^2，高限按 5 兆瓦/(千米)^2 布置风电机组计算

资料来源：根据《中国能源中长期（2030、2050）发展战略研究：可再生能源卷》（中国能源中长期发展战略研究项目组著，科学出版社 2011 年出版）和《可再生能源与低碳社会》（中国可再生能源学会著，中国科学技术出版社 2016 年出版）整理。

*按照国家规划的三类以上风能资源可开发区域，以风能功率密度指标划分：10 米高度处为 150 瓦/米 ^{2} 以上的风能区域，50 米高度处为 400 瓦/米 ^{2} 以上的风能资源区域。

近海风能资源由于缺乏必要的技术数据，评估的难度更大，评估的结果差距也较大，评估值为 1.5 亿～20 亿千瓦（表 1-2）。Hong 和 Möller（2011）计算出的中国 2010 年、2020 年和 2030 年的近海技术可开发资源量分别为 1.72×10^9 千瓦·时、2.41×10^9 千瓦·时和 2.76×10^9 千瓦·时。中国气象局、联合国环境规划署、中国科学院地理科学与资源研究所等单位都做过相关估算（表 1-2）。

表 1-2　不同机构对海上风能资源的估计

机构	理论开发利用面积/万(千米)^2	距地面高度/米	理论技术可开发量/亿千瓦	评估方法
中国气象局（20 世纪 90 年代）	—	10	7.5	根据第二次陆上风能资源普查结果，按海上是陆地资源的 3 倍计算
中国气象局（2007 年）	3.7	50	1.8	采用数值模拟技术，对风能密度大于等于 400 瓦/米 ^{2} 的区域计算
中国科学院地理科学与资源研究所（2006 年）	—	10	20（储量）	利用遥感卫星数据进行数值模拟计算，得到距离海岸线 2 千米处风能资源为 4 亿千瓦；若距离为 10 千米，约为 20 亿千瓦
联合国环境规划署（2004 年）	12.2	50	6	采用数值模拟技术，对风能密度大于等于 400 瓦/米 ^{2} 的区域计算
国家发展和改革委员会能源研究所估算（2007 年）	3	—	1.5	按照中华人民共和国自然资源部开发利用规划面积，并按照 5 兆瓦/(千米)^2 布置风机组计算
国家气候中心（2009 年）	—	50	7.58	采用数值模拟计算，考虑离岸 50 千米以内的近海，对风能密度大于等于 400 瓦/米 ^{2} 的区域，并将遇强台风三次及以上的区域扣除

续表

机构	理论开发利用面积/万(千米)^2	距地面高度/米	理论技术可开发量/亿千瓦	评估方法
中国可再生能源学会（2016年）	18.8（水深5～25米）	50	1.9	采用数值模拟技术进行评估，考虑海上风电受水深影响，选择5～25米、25～50米两种水深进行评估
	20.6（水深25～50米）	50	2.1	

资料来源：根据《中国能源中长期（2030、2050）发展战略研究：可再生能源卷》（中国能源中长期发展战略研究项目组著，科学出版社2011年出版）和《可再生能源与低碳社会》（中国可再生能源学会著，中国科学技术出版社2016年出版）整理。

1.1.2　分区域风能资源储量

我国风能资源分布总体上是北方丰富，南方较为贫乏。新疆、内蒙古、甘肃等地区为风能资源丰富区域，东南沿海和一些岛屿的风能资源也很丰富，东北、华北部分地区和青藏高原部分区域风能也较为丰富（表1-3）。

表1-3　中国各地区陆上70米高度风能资源储量

地区	潜在开发量/万千瓦	技术开发量/万千瓦	技术开发面积/(千米)^2
全国合计	305 372	261 149	705 046
北京	135	50	139
天津	56	56	133
河北	8 651	4 188	11 870
山西	3 791	1 598	5 032
内蒙古	163 126	145 967	394 919
辽宁	7 824	5 981	20 409
吉林	7 985	6 284	22 675
黑龙江	13 415	9 651	29 580
上海	51	51	133
江苏	373	370	926
浙江	353	209	642
安徽	104	77	212
福建	1 222	955	2 664
江西	541	310	876
山东	4 028	3 018	8 772

续表

地区	潜在开发量/万千瓦	技术开发量/万千瓦	技术开发面积/(千米)^2
河南	916	389	1 226
湖北	243	126	396
湖南	276	331	331
广东	2 216	4 249	4 249
广西	1 522	2 151	2 151
海南	276	206	638
重庆	434	138	446
四川	1 248	340	1 040
贵州	1 372	456	1 705
云南	4 972	2 066	6 273
西藏	99	65	188
陕西	1 970	1 115	3 302
甘肃	26 446	23 634	61 342
青海	2 407	2 008	6 585
宁夏	1 777	1 555	4 417
新疆	47 543	43 555	111 775

资料来源：中国能源研究会. 中国能源展望 2030. 北京：经济管理出版社，2016.

注：原文全国技术开发量和技术开发面积的合计数据有误，技术开发量合计应该是 261 149（原文是 256 590），技术开发面积应该是 705 046（原文是 704 746）；由于数据可得性，本表不包含香港、澳门、台湾的数据。

1.1.3　风能资源潜力

中国风能资源丰富，开发潜力大。按照风电功率密度大于等于 400 瓦/米^{2}的标准，计算 50 米高度处风能资源技术可开发量为 6 亿～10 亿千瓦，在近海离岸 20 千米内，水深不超过 20 米，离海面 50 米高度处，估算技术可开发量为 1 亿～2 亿千瓦，两者合计风能总技术可开发量为 7 亿～12 亿千瓦（中国能源中长期发展战略研究项目组，2011a），陆上潜力大于海上。

考虑到风电技术的进步，以及考虑更高的高度、更深的海域等因素，未来可开发利用的风能资源量还可能有较大幅度的增长。如果陆地风电功率密度按照 300 瓦/米^{2}的标准计算，技术可开发量可以达到 23 亿千瓦以上，同时近海水深增加到 50 米以内，海上技术可开发量增加到 4 亿千瓦，这样陆上和海上总潜在开发量可达 27 亿～42 亿千瓦（中国可再生能源学会，2016）。

1.2　太阳能资源

1.2.1　太阳能资源储量与类型划分

我国太阳能资源丰富，根据1971～2000年近30年的平均值，每年辐射到我国国土面积上的能量，相当于1.7万亿吨标准煤产生的能量（中国可再生能源发展战略研究项目组，2008a）。表征太阳能资源量通常使用太阳总辐射量和日照时数这两个指标（龚强等，2008；袁小康等，2011），根据这两个指标，可以将太阳能资源划分为四种类型。我国太阳能资源丰富区域（Ⅰ类、Ⅱ类、Ⅲ类）共占国土面积的96%以上（表1-4）。

表1-4　我国太阳能资源分布与类型划分

名称	类型符号	年辐射总量/((千瓦·时)/米²)	年日照时数/时	占国土面积比例/%	列举部分地区
最丰富带	Ⅰ	≥1750	3200～3300	17.4	西藏大部、新疆南部、青海、甘肃和内蒙古西部
很丰富带	Ⅱ	1400～1750	3000～3200	42.7	新疆大部、青海和甘肃东部、宁夏、陕西、山西、河北、山东东北部、内蒙古东部、东北西南部、云南和四川西部
丰富带	Ⅲ	1050～1400	2200～3000	36.3	黑龙江、吉林、辽宁、安徽、江西、陕西南部、内蒙古东北部、河南、山东、江苏、浙江、湖北、湖南、福建、广东、广西、海南东部、四川、贵州、西藏东南角和台湾
一般带	Ⅳ	＜1050	1000～2200	3.6	四川中部、贵州北部和湖南西北部

资料来源：根据《中国能源中长期（2030、2050）发展战略研究：可再生能源卷》（中国能源中长期发展战略研究项目组著，科学出版社2011年出版）、《中国能源展望2030》（中国能源研究会著，经济管理出版社2016年出版）和《中国能源发展战略选择（下册）》（中国能源发展战略研究组著，清华大学出版社2013年出版）整理。

我国太阳能资源分布特点，总体上来看具有高原大于平原、内陆高于沿海和气候干燥区大于气候湿润区的特点（中国可再生能源发展战略研究项目组，2008a）。

1.2.2　各省区市太阳能资源储量

各省区市太阳能资源储量，是根据太阳能资源分布图，求得的各省区市的太阳能资源的理论值，如表 1-5 所示。

表 1-5　各省区市太阳能资源储量

省区市	总储量/(10^{12} 千瓦 ·时)	技术可开发量/(10^{12} 千瓦 · 时)	总面积/(10^3 公顷)	未利用面积/(10^3 公顷)
北京	5.3	0.7	1 641	217
天津	3.2	0.2	1 192	68
河北	57.7	12.4	18 843	4 047
山西	46.1	14.9	15 671	5 061
内蒙古	355.1	46.7	114 512	15 058
辽宁	41.3	4.2	14 806	1 507
吉林	49.7	2.9	19 112	1 127
黑龙江	119.4	11.5	45 265	4 352
上海	1.5	0.0018	824	1
江苏	33.1	0.5	10 667	148
浙江	25.8	1.7	10 539	698
安徽	33.9	1.8	14 013	753
福建	31.2	2.4	12 406	958
江西	40.8	2.8	16 689	1 126
山东	43.8	4.6	15 705	1 655
河南	43.7	4.9	16 554	1 866
湖北	44.7	5.1	18 589	2 116
湖南	49.5	4.8	21 185	2 036
广东	48.1	2.6	17 975	973
广西	56.8	12.3	23 756	5 158
四川（含重庆）	147.2	18.9	56 632	7 286
海南	9.5	0.7	3 535	265
贵州	37.9	5.8	17 615	2 699
云南	115.5	22.0	38 319	7 298
西藏	472.1	145.5	120 207	37 049
陕西	52.0	3.0	20 579	1 170

续表

省区市	总储量/(10^{12}千瓦·时)	技术可开发量/(10^{12}千瓦·时)	总面积/(10^3公顷)	未利用面积/(10^3公顷)
甘肃	134.0	53.4	40 409	16 114
青海	273.2	94.6	71 748	24 841
宁夏	21.8	3.4	5 195	821
新疆	541.2	320.6	166 490	98 620
台湾	9.6	—	0	0
全国	2 944.9	804.9	0	0

资料来源：中国能源发展战略研究组. 中国能源发展战略选择（下册）.北京：清华大学出版社，2013.

注：假定太阳能发电利用系数为 0.2；由于数据可得性，本表缺乏香港和澳门的数据，重庆的数据包含在四川中。

1.2.3　太阳能资源潜力评估

太阳能资源潜力的评估与风能资源评估类似，主要利用气象台站观测数据（周扬等，2010；申彦波等，2015）、经验公式估算（李一平等，2009）、卫星遥感反演（Hammer et al.，2003；Stökler et al.，2016；申彦波，2010）等方法。

太阳能资源潜力的评估，主要与太阳能开发利用技术、利用方式和面积相关。

从全国各地区太阳能资源、可开发资源和可利用面积等指标来估算，我国太阳能光伏发电理论可开发总规模为 270 亿千瓦（按 1%利用率考虑）。光热发电方面，我国符合太阳能集热发电基本条件（法向直辐照度≥5 千瓦·时/(米^2·天)，地面坡度≤3%）的太阳能热发电可装机潜力为 160 亿～180 亿千瓦，扣除受水资源条件和电力输送等限制条件的影响，太阳能热发电理论可开发量约为 80 亿千瓦（中国能源研究会，2016）。

从太阳能可利用面积来看，我国有约 100 亿平方米的建筑屋顶，其中 20%的面积可以用于太阳能热水器，安装约 20 亿平方米的太阳能热水系统，可以替代约 3.2 亿吨标准煤；20%的面积可以安装约 20 亿平方米的太阳能光伏系统。另外，中国可安装太阳能光伏的戈壁和荒漠面积巨大，按照 2%的可使用面积，约 2 万平方千米，加上建筑屋顶的面积，总面积可达 2.2 万平方千米，可安装太阳能光伏发电容量约 22 亿千瓦（中国可再生能源发展战略研究项目组，2008a）。

1.3　生物质能资源

我国拥有丰富的生物质能资源，主要包括农作物秸秆、林业剩余物、畜禽粪便、工业有机废弃物和城市垃圾等。

1.3.1　现有生物质能资源

相较于太阳能和风能资源潜力估算的方法的明确性，生物质能由于利用形式的多样化和发电的商业化历程较短，因此较难在传统统计口径上进行统计，这在一定程度上限制了农业生物质发电潜力方面的研究。代表性的研究包括刘刚和沈镭对中国 2004 年秸秆及农业加工剩余物、畜禽粪便、薪柴和林木生物质能、城市垃圾和城市废水的资源蕴藏潜力和实物蕴藏潜力进行的估算（刘刚和沈镭，2007）（表 1-6）。朱开伟等（2015）对中国 2050 年低还田比、中还田比和高还田比三种情景下主要农作物最终可利用的生物质能进行了预测，得到了 1.86 亿吨标准煤、0.93 亿吨标准煤和 0.15 亿吨标准煤的结果。

表 1-6　2004 年中国主要生物质能资源潜力汇总

类型	实物总蕴藏量/亿吨	总蕴藏潜力/亿吨标准煤	理论可获得量/亿吨标准煤	占全部生物质能资源潜力比例/%
秸秆及农业加工剩余物	7.28	3.58	1.79	38.90
畜禽粪便	39.26	18.80	1.02	22.14
薪柴和林木生物质能	21.75	12.42	1.66	36.01
城市垃圾	1.55	0.22	0.089	1.93
城市废水	482.40	0.09	0.047	1.02
合计		35.11	4.60	100

还有一些学者从主要农作物秸秆和废弃物入手，结合主要农作物的种植面积、种植结构、单产以及秸秆的主要用途，对现有耕地主要农作物未来生物质能可开发利用发电潜力进行分析评价（Kaygusuz and Türker，2002；Lauri et al.，2014），代表性研究结果有刘志彬等（2014）得到的 2011 年中国主要农业生物质能资源的最大发电潜力为 68 332.31 兆瓦，净剩余资源发电潜力为 12 210.98 兆瓦，玉米、稻谷和小麦三种大宗农作物秸秆及加工剩余物的发电潜力较大。

1.3.2　生物质能资源潜力估算

我国的生物质能资源未来的增长潜力具有很大的不确定性。由于受到人多地少、不与农业争地，以及可开发的边际土地面积增长潜力有限等因素的制约，未来生物质能资源增长的潜力有限。如果生物质转化技术，如纤维素乙醇技术能够达到商业化程度，可以大幅度提高现有生物质能资源的利用程度。此外，如果藻类资源可以得到大规模利用，也有一定的增长空间。根据对我国主要生物质能资源现有供应能力、未来新增的潜力进行评估和分析，我国生物质能资源在不同年份的增长潜力见表 1-7。

表 1-7　我国生物质能资源潜力　（单位：亿吨标准煤）

生物质能资源潜力		2010 年	2020 年	2030 年	2050 年
现有可用生物质能资源潜力		2.9	2.9	2.9	2.9
新增生物质能资源潜力	新增各类有机废物	0.6	1.7	2.2	2.7
	现有低产林地增产量	0.05	0.3	0.7	1.37
	新开发边际土地产量	0.05	0.3	1.0	2.0
生物质能资源潜力合计		3.6	5.2	6.8	8.97

资料来源：中国能源中长期发展战略研究项目组. 中国能源中长期（2030、2050）发展战略研究：可再生能源卷. 北京：科学出版社，2011.

第 2 章　新能源发电替代减排 CO_2 测算

新能源替代减排有很多种形式，在发电、居民生活、供暖、建筑节能、低碳交通等多个方面都有广泛应用，其中发电替代减排是新能源减排最重要的一种形式。由于新能源发电本身基本不产生碳排放，因此使用新能源替代传统火力发电可达到减少碳排放的目的，但具体到实际操作层面又衍生出了一些新的问题。在文献梳理与归纳总结的过程中，作者发现已有的对新能源替代减排的研究成果主要集中在以下几方面：一是新能源资源潜力的估算；二是发电量替代减排量的计算；三是新能源产业自身生命周期内产生的碳排放；四是新能源减排的成本效益分析。本章将主要从以上四个方面梳理已有的研究成果，总结已有研究的不足之处，并尝试为新能源替代减排领域提供一些可供参考的研究方向。

2.1　新能源发电减排量测算研究

新能源发电虽然是重要的减排措施，但并不能像植树造林、碳捕集与封存技术等手段一样可以直接减少 CO_2 含量，而是一个替代性减排的概念，即通过对能源工业中的化石能源进行替代，从而减少化石能源使用，达到减少碳排放的目的。这也是本章关注的“新能源减排”的主要内涵和边界。目前学术界的研究主要集中于通过发电量所替代的减排潜力和新能源系统减排潜力两种方法来计算新能源发电减排量。

2.1.1　发电量所替代的减排潜力

由于新能源发电过程中本身不排放 CO_2，因此一般将对其减排潜力的计算转化为计算其发电量进入电网后所避免的当地火电厂发出同等电量所产生的温室气体排放。这种计算方法涉及 CO_2 排放系数的问题。

CO_2 排放系数是指每一种能源燃烧或使用过程中单位能源所产生的 CO_2 排放量。国际上最为常用的排放系数包括联合国政府间气候变化专门委员会（Intergovernmental Panel on Climate Change，IPCC）与国际能源署（International Energy Agency，IEA）光伏电力体系项目（Photovoltaic Power Systems Programme（PVPS），IEAPVPS）和欧洲光伏产业协会（European Photovoltaic Industry

Association，EPIA）在2006年5月联合发表的报告《2006年IPCC国家温室气体清单指南》中列出的系数（IPCC，2006）（表 2-1）。这个系数适用范围较广，但不适用于比国家尺度更小的排放计算，而且也有学者认为这个系数与个别国家的实际排放因子差距较大，例如，Liu等（2015）基于对中国4243个煤矿数据的研究结果表明，IPCC推荐的煤炭默认排放因子高估了40%，会导致中国CO_2排放量高估了12%，因此在条件允许的前提下，使用符合具体国情的排放因子才更有说服力。

表 2-1　主要化石能源的碳排放系数

能源种类	碳排放系数/(吨 CO_2/吨标准煤)	能源种类	碳排放系数/(吨 CO_2/吨标准煤)
原煤	0.7559	燃料油	0.6185
洗精煤	0.7559	其他石油制品	0.5857
焦炭	0.8550	液化石油气	0.5042
其他焦化产品	0.6449	天然气	0.4483
原油	0.5857	焦炉煤气	0.3548
汽油	0.5538	炼厂干气	0.4602
煤油	0.5714	其他煤气	0.3548
柴油	0.5921		

资料来源：《2006年IPCC国家温室气体清单指南》。

注：原始数据以焦为单位，为了与统计数据单位一致，将能量单位转化成标准煤，转化比例按当时的标准即1吨标准煤热值（低位发热量）约等于2.93×10^7吉焦为准。

一个地区的CO_2是指该地区混合电厂（使用多种燃料）每发1千瓦·时电能平均排放CO_2的数量，单位是千克CO_2/（千瓦·时）。具体计算时，将发电时消耗各种燃料的数量与相应的燃料排放因子相乘，除以当年各种燃料总发电量，就可得到该地区的CO_2排放系数（杨金焕，2008），2005年我国部分区域电网单位供电平均CO_2排放如表2-2所示。2011年我国颁布了《省级温室气体清单编制指南》，将区域电网边界按目前的东北、华北、华东、华中、西北和南方电网划分，各区域排放因子可由上述电网内各省区市发电厂的化石燃料CO_2排放量除以电网总供电量获得。这样一来CO_2排放系数便细化到了省级。

表 2-2　2005年我国部分区域电网单位供电平均CO_2排放

电网名称	覆盖省区市	CO_2排放/(千克CO_2/(千瓦·时))
华北区域	北京、天津、河北、山西、山东、内蒙古西部地区	1.246
东北区域	辽宁、吉林、黑龙江、内蒙古东部地区	1.096

续表

电网名称	覆盖省区市	CO_2 排放/(千克 CO_2/(千瓦·时))
华东区域	上海、江苏、浙江、安徽、福建	0.928
华中区域	河南、湖北、湖南、江西、四川、重庆	0.801
西北区域	陕西、甘肃、青海、宁夏、新疆	0.977
南方区域	广东、广西、云南、贵州	0.714
海南	海南	0.917

资料来源：《省级温室气体清单编制指南》。

在明确碳排放系数的前提下，这种方法可以较为便利地估算新能源减排潜力。*Nature Energy* 上的研究显示，到了 2030 年，中国仅利用可开发风力资源的 10%，便可以满足 26%的预期电力需求（Davidson et al.，2016）。李红强和王礼茂（2010）在设置了中国低碳能源发展情景的前提下，从总量、分品种和分领域方面评价了两种情景下低碳能源的发展潜力和减排潜力，结果表明发展低碳能源对实现国家减排目标的最低贡献为 12.58%，最高则可达 30.25%，且经济增长速度越快，低碳能源对实现国家减排目标的贡献越低。龚道仁等（2013）建立了光伏发电系统碳排放的数学计算模型，给出了在不同辐照条件下光伏发电系统的典型计算实例，研究结果表明，与燃煤发电相比，在太阳年辐射量为 3000～9000 兆焦/米 ^{2} 的地区使用光伏发电系统，均具有良好的碳减排效果。

2.1.2　新能源系统减排潜力

新能源系统减排潜力是指安装单位功率（通常用 1 千瓦）的新能源系统，在其生命周期内所输出的电能，用同样功率的燃煤发电所产生的 CO_2，可认为是其减少排放的 CO_2 数量。该计算方法不看最终能源系统的发电量，而是与新能源系统本身的性能、当地气象及地理条件以及系统的类别（并网还是离网）和安装方式等因素有关。

采用这种方法估算减排潜力的代表性研究包括：IEA 评估了 26 个经济合作与发展组织（Organization for Economic Co-operation and Development，OECD）成员国的 41 个主要城市，发现光伏减排潜力最好的是珀斯，最差的是奥斯陆。Klein 和 Theilacker（1981）针对中国 28 个城市不同倾斜面上的太阳辐射量得到了当地全年能接收到的最大太阳辐照量，结果显示，拉萨地区光伏系统的减排 CO_2 潜力最大，最小的则为重庆。杨金焕（2008）对中国 26 个主要城市，按照最佳倾角和垂直安装两种并网光伏系统的情况进行了分析计算，得到了每千瓦光伏系统在其生命周期内能够减少 CO_2 排放量 8.92～39.20 吨的结论。

以上两种发电减排量计算方法各有优劣。第一种方法算得的减排量依赖于碳排放系数的计算方式，而碳排放系数的计算往往由于能源消费统计口径的问题存在较大的不确定性；第二种方法的前提是安装的新能源系统在生命周期内均以正常功率运行并发电并网，而这个前提在我国风电、光伏弃用率较高的西北地区并不能完全成立。

2.2　新能源产业生命周期碳排放研究

新能源减排潜力巨大的原因是其在发电过程中不产生温室气体，仅在设备制造、运输、安装、运行的过程中产生碳排放。对产业链中的碳排放的测算多采用生命周期评价（life cycle assessment，LCA）理论来进行分析（Spadaro et al.，2000；郭敏晓，2012；马忠海，2002）。本节主要对风电、光伏发电和生物质发电三种新能源的生命周期碳排放研究成果进行梳理。

2.2.1　风电

风电的整个生命周期涉及场地占用、设备生产、设备运输、后期环境恢复等过程，每个过程都有相应的碳排放，但生命周期的边界选择不同，测算出的生命周期碳排放结果也不同。邹治平和马晓茜（2003）对风力发电的用材冶炼、材料运输、电厂建设这三个阶段进行分析，分别计算三个阶段中的单位能耗和环境影响，并与燃煤发电进行比较。戢时雨等（2016）将自然植被纳入系统边界，计量风电场建设前后植被破坏及恢复带来的影响。在清单分析中，重点考虑对碳排放影响较大的配件生产及运输、建设期工程车耗油排放，更加合理地核算风电场碳排放并量化其环境影响。郭敏晓（2012）应用上海某风电场数据进行核算，结果显示，风机生产阶段能耗和 CO_2 排放占风电场生命周期能耗和 CO_2 排放的比例均最大，分别为 68.23%和 67.18%。风电场能耗强度和 CO_2 排放强度分别为 3.24 克标准煤/(千瓦・时)和 9.47 克/(千瓦・时)，明显低于传统火电机组的相同指标。

2.2.2　光伏发电

光伏产业的生命周期碳排放研究是新能源中比较成熟的。太阳能光伏产业链中，单晶硅和多晶硅生产过程中的碳排放量很高，因此部分研究将重点放在单晶硅、多晶硅生产开始的光伏电池生产链的碳排放上（詹晓燕，2011；谢泽琼等，2013）。另一部分学者则关注了光伏安装后不同自然环境对发电效果和减排潜力的影响。龚道仁等（2013）从光伏发电系统生产过程和发电过程等方面系统分析了光伏发电系统碳排放及碳减排效果的各种影响因素，建立了光伏发电系统碳排放的数学计算模型，给出了在不同辐照条件下光伏发电系统的典型计算实例。杨金焕（2008）对中国 26 个主要城市，按照最佳倾角和垂直安装两种并网光伏系统的情况进行了分析计算，发现每安装单位千瓦光伏系统减少的 CO_2 排放量为 5.92～39.20 吨。此外，Asakura 等（2000）采用投入产出法对多个国家的太阳能和风力发电阶段生命周期进行了评价。郭敏晓（2012）将光伏电站生命周期划分为原料生产、电池片生产、光伏组件组装、组件运输和废弃处置五个阶段进行核算，核算结果表明，光伏电站生命周期发电排放强度为 292.4 克 CO_2/(千瓦・时)，能源回报比为 6.71。原料生产阶段能耗和 CO_2 排放占比均为最大，分别为 72.84%和 71.79%。

2.2.3　生物质发电

目前主要的生物质规模化发电形式包括直燃发电和气化发电等。生物质发电是新能源发电中仅有的发电过程也排放 CO_2 的发电技术，因为较大比例的生物质以直燃发电形式被消耗。郭敏晓（2012）不考虑植物生长阶段吸收 CO_2 效应，重点考察生物质电厂的发电排放强度，结果表明该值为 527 克 CO_2/(千瓦・时)。冯超和马晓茜（2008）应用生命周期评价方法，以秸秆直燃发电项目为研究对象，对秸秆的种植、运输、粉碎干燥和燃烧发电 4 个过程进行了清单分析，并分别计算出 4 个过程的能耗及其对环境的影响。结果表明，秸秆直燃发电对环境的影响主要为烟尘和灰尘，对局部地区的影响占据首位。但与火电比较仍能在温室气体减排上起到积极作用。林琳等（2006）的研究结果也说明了类似的问题，与常规火电相比，生物质直燃发电技术在环境上的改善是极为显著的，和生物质气化发电相比也有优点。同时，他们也从降低环境负荷出发，指出了生物质直燃发电在推广应用中需要注意的问题，如固体废弃物综合利用等。王伟等（2005）以谷壳气化发电系统为研究对象，建立了共性的生命周期分析方法学模型和支撑数据库，对系统边界、环境影响指标等进行了讨论，同时也对生物质发电系统生命周期中的生物质资源获得阶段以及焦油对环境的影响的评价方法进行了探讨。

综合众多新能源发电技术生命周期评价的研究发现，界定 LCA 研究的系统边界是测算生命周期碳排放的关键。边界可以放宽到考虑风场或电厂占地对原有植被的破坏和后续的“草地恢复”过程（戢时雨等，2016），也可以收窄到只考虑主要设备的生产加工中的碳排放。边界不同，所体现的研究尺度和研究视野也不一样。

除了生命周期评价法之外，还可以按照联合国清洁发展机制（clean development

mechanism，CDM）的方法学来计算项目的碳排放。CDM 国际规则要求，应建立一套有效且具有操作性的程序和方法来估算、测量、核查和核证 CDM 项目产生的减排量。这样的一套程序和方法可称为 CDM 方法学（杨卫华等，2013）。与 LCA 方法比较而言，CDM 提供的方法学简化了计算过程，具有更加规整的计算范式，在国际上也更能得到认可（金豫佳和吴长淋，2012）。但这并不意味着其可以完全取代 LCA 方法，在具体项目的碳排放计算中应结合二者的优势。

绝大多数研究结果表明，在考虑了所有可能的潜在碳排放之后，新能源发电技术的温室气体排放系数仍低于传统的火电，替代减排的潜力巨大。但目前的全产业链碳排放分析仅在火电领域应用较为成熟，在新能源发电领域还未形成较为统一的减排潜力分析体系；而且目前的 LCA 分析多以单个电站或电厂为研究对象，其结果不具有普遍性，同时也不适用于国家层级的新能源减排潜力评价。

2.3　新能源减排的成本效益研究

2.3.1　新能源发电成本相关研究

1）新能源发电成本计算

随着新能源发电市场的迅猛发展、技术不断进步，各类新能源发电的成本正显著下降，市场竞争力越来越强。欧洲风能协会的计算和分析表明，随着技术进步、风力发电机组单机容量的增大以及成本规模效应，风力发电成本从 20 世纪 80 年代的 9.2 欧分/(千瓦 • 时)（用单台机组 95 千瓦的风机进行发电），下降至 2006 年的 5.3 欧分/(千瓦 • 时)（用单台机组 2000 千瓦的风机进行发电），成本下降约 42%（Krohn，2009）。郑照宁和刘德顺（2004）利用 GM（1，1）模型和学习曲线模型研究我国风电投资变化的趋势，比较了在资金有约束和无约束情景下风电投资成本的变化，指出风电进入商业化发展阶段时，风电机组价格约占单位千瓦投资成本的 50%。马翠萍等（2014）对光伏发电成本进行了计算，发现在剔除财政补贴的情况下，装机规模 10～50 千瓦的光伏发电系统，目前发电成本为 1.13～1.94 元/(千瓦 • 时)。

随着太阳能发电技术的进步和发电装机规模的扩大，太阳能发电成本快速降低。Zhang M 和 Zhang Q（2020）按照太阳能资源的丰富度对 2018 年中国省级光伏发电成本进行了计算，2018 年中国光伏平均发电成本为 0.3471 元/(千瓦 • 时)，其中资源Ⅰ区（具体分区见表 1-4）光伏平均发电成本小于 0.2949 元/(千瓦 • 时)，资源Ⅱ区和资源Ⅲ区光伏平均发电成本为 0.2949～0.3686 元/(千瓦 •时)和 0.3686～0.4914 元/(千瓦 • 时)，资源Ⅳ区光伏平均发电成本大于 0.4914 元/(千瓦 • 时)；预计到 2025 年中国光伏平均发电成本将下降为资源Ⅰ区低于 0.2177 元/(千瓦·时)，资源Ⅱ区为 0.2177～0.2721 元/(千瓦·时)，资源Ⅲ区为 0.2721～0.3628 元/(千瓦·时)，资源Ⅳ区大于 0.3628 元/(千瓦·时)。

还有一些学者采用基于动态成本曲线的模型对未来新能源发电成本进行了模拟，该模型的基本思想是生产成本的下降是经验积累的结果，能够较好地量化分析规模效应引起的成本下降（刘贞等，2012；张雯等，2013）。

2）新能源与火力发电的成本比较

已有的成本比较研究多集中于技术发展较为成熟且较早实现规模化开发的风电领域。郭全英（2002）通过风速分布模型、期望发电量模型、成本计算模型对中国风力发电的实际成本进行了研究，得出当时中国风力发电实际成本还很难与常规能源相竞争的结论；同时也从国产化的形势、装机容量的增长、风机技术的发展等方面进行分析，预测我国风力发电成本将呈不断下降的趋势。蓝澜等（2013）研究发现，即使不考虑新能源发电的鼓励性政策补贴和传统能源发电的环境外部性，风电项目仍比火电项目具有明显的成本优势，否定了人们对新能源成本过高的固有认识。美国斯坦福大学环境工程教授马克·雅各布森的研究表明，煤电与风电的发电内部成本差别不大，均为 3～4 美分/(千瓦·时)；但是加上外部环境成本，煤电的成本就变成 5.5～8.3 美分/(千瓦·时)，将超过风电成本（李钢等，2009）。

3）影响发电成本的因素

影响新能源发电成本的因素有很多，已有的研究成果可大致归类为初始设备和组间的投资成本高低、运行维护费用、财务费用、上网电量比例等主要因素（马翠萍等，2014；张雯等，2013；王德良，2013）。降低新能源发电成本的手段与方法也有不少。由于技术进步了，光伏和风机的组件价格持续下跌（霍沫霖，2012），未来将拥有完全取代化石燃料发电的商业价值。同时，选取不同的并网方案（苏剑等，2013）、增加适当的政府补贴、提高新能源上网的稳定性（李钢等，2009）、对发电企业内部进行成本控制（谢建湘，2014）等方法也可以有效降低新能源发电的成本。

2.3.2　新能源发电替代减排的效益

新能源开发利用可替代大量化石能源消耗、减少温室气体和污染物排放、显著增加新的就业岗位，对环境和社会发展起到重要且积极的作用，不能单纯用货币来衡量其效益。

国际上一些机构在新能源效益评价方面做得较好。国际应用系统分析研究所（International Institute for Applied Systems Analysis，IIASA）组织了全球 300 余名科学家、200 余名评审专家对世界能源系统转型开展了综合评估研究，并于 2012 年发布了具有重要影响力的研究报告 *Global Energy Assessment*: *Toward a Sustainable Future*（Johansson et al.，2012）。该报告对未来能源系统转型的路径、成本效益及其不确定性、政策选择等全面进行了分析。国际能源机构每年的《能源技术展望》致力于能源转型技术研究，评估了各个能源技术领域的转型潜力并开展了成本效益分析。

在国内，成本效益的评价主要集中在新能源发展投入的经济性方面。方国昌等（2013）从非线性动力学入手，将新能源纳入节能减排演化系统，分析了新能源对能源强度和经济增长的影响。结果表明，依靠新能源自身发展或单纯加大对新能源的经济投入，并不能很好地控制能源强度。当经济投入过大时会给经济发展带来很大的阻碍，甚至给经济带来致命的影响。加大包括新能源在内的节能减排等的综合投入，可以很好地降低能源强度，当综合投入加大时，对经济的阻碍也加大了，但是随着系统的进一步发展，当新能源发展成熟时，这种投入对经济的促进作用也增大了。陈立斌（2016）采用技术经济评价方法对水电、风电、太阳能光伏发电和核电减排 CO_2 的经济性进行了分析。结果表明，单从减排 CO_2 的经济性来看，水电最好，其次为核电，再次是风电和太阳能光伏；但如果从减排效果来看，则是核电最好。

近年来，在环境保护和节能减排大背景下，新能源减排效益评价开始关注新能源发电的环境效益计算，但由于缺乏相应专业、规范的明确依据，通常采用以燃煤火电为对照的污染物排放量常规计算方法（黄静等，2014；蔡贵珍等，2010），导致减排效益的计算模式较为单一。尤其是在当下需要新能源在电力市场逐步替代煤电的大环境下，对新能源发电在电力市场的成本、定价、并网模式等关键内容的研究显得较为重要且急迫。

2.4　新能源减排研究的主要模型

新能源发展与减排的研究通常属于经济发展与能源规划模型的子模块，因此常用的经济-能源-环境模型也适用于新能源的研究。

2.4.1　能源系统优化模型

MARKAL-EFOM 系统综合（the integrated MARKAL-EFOM system，TIMES）模型是以技术为基础的能源系统多周期动态线性优化模型，由 IEA 在 20 世纪 80 年代开发，目前已广泛应用于能源系统规划及能源环境政策方面的研究。

TIMES 模型可在终端能源服务需求驱动下，根据不同约束选出成本最小的能源技术和燃料优化组合。模型主要由能源数据库和线性规划软件两部分组成。能源数据库是建立 TIMES 模型的基础，数据库中应包含初级能源供应，能源技术、能源需求数据，与能源系统相关的环境、经济和能源政策等数据。

目前部分学者在碳减排领域运用该模型来预测国家或地区在某时间节点达到既定减排目标的能源消费和能源结构情景。例如，毕超（2015）和刘嘉等（2011）在对中国未来经济和社会发展进行合理假设的基础上，分别对 2030 年和 2020 年中国能源消费和结构进行了研究，并提出了相应的能源路线图和消费方案。Amorim 等（2014）利用 TIMES 模型对葡萄牙电力部门实现 2050 年“完全脱碳”的目标进行了成本效益分析，重点讨论了葡萄牙的邻国西班牙对其低碳发展路径的影响，结果表明，把两国看成一个整体能源系统对实现葡萄牙的脱碳目标更有效率，同时风险也更低。

2.4.2　可计算一般均衡模型

可计算一般均衡（computable general equilibrium，CGE）模型是一种同时考虑所有市场之间、具有行为最优化的多个经济主体之间以及经济主体和市场之间的相互联系的数值模拟模型（赵永和王劲峰，2008）。CGE 模型通常假设在一个已处于均衡状态的经济系统上，对某些变量施加一定程度的政策干扰，通过模拟来研究经济系统再次回到平衡状态时，该政策对经济系统各经济变量所带来的影响，而政策的选择可以根据研究的需要进行设定。CGE 模型已成为政策模拟包括气候保护和温室气体减排政策的常用工具，用来研究政策措施对经济系统所产生的影响。

很多学者将该模型用于能源政策、环境政策的经济影响研究。Nakata 和 Lamont（2001）以及 Scrimgeour 等（2005）分别采用局部均衡和一般均衡模型研究了能源税和碳税对日本及新西兰能源密集产业部门和能源系统的影响；Wissema 和 Dellink（2007）利用 CGE 模型分析了碳税和能源税对爱尔兰经济的影响，发现碳税会显著地改变生产及消费模式，使其向新能源以及低碳能源转变，比单一的能源税带来更大的减排；张健等（2009）应用 CGE 模型模拟了基准情景和减排目标为 5%与 10%情景下碳税对我国经济的影响；朱永彬等（2010）利用 CGE 模型模拟了不同碳税率水平下，减排效果与宏观经济、国民经济 121 个部门分别所受到的影响；Telli 等（2008）模拟了不同减排措施，如排放配额、能源税以及减排技术投资等对土耳其经济产生的影响。

现有的 CGE 模型在碳减排领域的应用多从不同的碳税水平入手（郭正权等，2012），在模型敏感性分析的应用方面也偏重于对整个能源系统或经济系统的影响分析。新能源虽然不直接受碳税影响，但由于其存在与化石能源的替代弹性，给予其补贴会产生与碳税类似的效果，因此在 CGE 模型中也可以用类似碳税的方式进行研究（张晓娣和刘学悦，2015；赵文会等，2016）。

2.4.3　能源-经济-环境系统模型

不同于自下而上（bottom-up）的技术导向型模型，能源-经济-环境（energy-economy-environment，3E）系统模型是基于新古典经济理论的自上而下型（top-down）模型，这类模型往往侧重于对经济行为的描述，而其能源技术部门则高度简化。3E 系统模型继承了自上而下模型的一般性特点，不同的是，3E 系统模型还同时关注气候系统的演变，以及经济部门与气候部门之间的互动关系。计算方面，3E 系统模型是基于目标函数的跨期动态最优化模型，其常用的求解算法有非线性规划算法以及动态非线性规划算法等。此外，3E 系统模型往往具有较强的非线性，因此，在最优化求解过程中考虑合理的初始条件、边界条件和终止条件非常重要（段宏波等，2014）。其包含着 CGE 方法的一部分思想。

3E 系统模型具体应用到碳减排领域，主要用于能源消费量和消费结构的预测分析，如周晟吕等（2012）应用中国能源-经济-环境模型，模拟了不同减排政策下的减排效果及经济影响，结果发现，将碳税收入用作对非化石能源的投资，不仅有利于促进实现碳排放强度目标，而且对于实现非化石能源发展目标也发挥着重要的作用。崔和瑞和王娣（2010）则建立了我国能源-经济-环境的向量自回归（vector autoregressive，VAR）模型，对三者 1995～2015 年的数据进行了分析，在向量自回归模型的基础上，利用脉冲响应函数和方差分解对我国能源、经济和环境三者的动态关系进行了分析。

2.4.4　长期能源替代规划模型

长期能源替代规划（long-range energy alternatives planning，LEAP）模型，是由美国波士顿 Tellus 研究所与瑞典斯德哥尔摩国际环境研究院联合开发的能源-环境情景分析模型，它通过一套易于操作、界面友好、基于计量模型的研究软件，进行能源情景分析和温室气体核算。LEAP 包括能源供应、能源加工转换、终端能源需求等环节，模型按照“资源”“转换”“需求”的顺序考虑某地区的能源需求及供应平衡情况。该模型主要可用于国家和城市中长期能源环境规划，可以用来预测在不同驱动因素的影响下，全社会中长期的能源供应与需求，并计算能源在流通和消费过程中的大气污染物及温室气体排放量。目前，LEAP 模型在我国的很多部门，如区域能源需求及碳排放分析（刘慧等，2011；龙妍等，2016）、电力需求预测（黄建，2012）、交通领域的能耗情景（潘鹏飞，2014）等各个方面，都已经得到了很广泛的应用。

与以上几个研究模型比较，LEAP 模型具有以下几个特点。

（1）LEAP 模型具有较为灵活的数据结构。使用者可以根据数据的可得性、分析的目的和类型来构造数据结构。

（2）它是“自下而上”的分析方法，适合基于终端消费数据进行分析的研究。

（3）情景分析是 LEAP 模型的核心，同时也支持多层模型的嵌套。

（4）拥有内置的技术和环境数据库（technology and environmental database，TED），技术和环境方面的大部分数据可以从这里面直接引用，还可以向数据库添加内容或修改数据库中的内容。

（5）对于涉及新能源发展的研究，LEAP 模型也有对应的模块进行支持，因此它较为适合对新能源与碳减排相关的研究。

与其他宏观经济-能源模型相比，LEAP 模型也存在较为明显的不足，如并不能自动生成最佳的或市场平衡状态的情景，需要使用者自己确定该情景是否符合研究的要求；不太适用于分析能源-经济-环境三者之间的耦合关系等。不过若只着眼于中长期能源需求、供给和碳排放的预测研究，LEAP 模型不失为一个较为合适的模型。

2.5　对新能源减排相关模型方法的简要评述

本章从新能源发电替代减排计算、生命周期碳排放和减排的成本效益等方面着手，详细梳理了新能源替代减排领域的已有主要研究成果。研究范围涵盖风能、太阳能、生物质能等多种新能源，研究手段和方法多样化，研究数据来源多样，主要呈现以下特点。

（1）在研究对象上以发展规模较大、技术相对较为成熟的风电、光伏发电和生物质发电为主，而对其他新能源如潮汐能、地热能则关注较少。

（2）在研究方法上多围绕生产成本曲线、生命周期理论模型等展开，在涉及电力市场的研究中缺少复杂计量经济模型，致使研究结论的说服力不足。

（3）在研究内容上，新能源发电量所替代的火力发电的排放量的计算研究和全生命周期碳排放量的计算研究都已较为成熟。新能源减排的成本研究主要集中于与传统火电成本的比较、发电成本影响因素分析以及如何降低发电成本的手段等方面；效益研究主要集中于对宏观经济发展的冲击研究和减少污染物排放等环境效益研究，集中体现了近年来环境成本概念在新能源产业研究领域的渗透。

目前已有的研究仍存在一些需要进一步完善的地方。首先，在新能源产业自身碳排放研究中，目前的生命周期评价多集中于单种新能源的核算，同时各种能源的评价边界也没有统一的界定，这给建立全面的全生命周期碳排放核算体系带来了困难。而在计算发电量等价的碳排放时，已有研究多采用较为笼统的 IPCC 提供的 CO_2 排放因子，或者仅以一两个电厂或地区的测量数据为准，其测算结果具有较大的不确定性。其次，新能源的开发成本和效益也缺乏明确的核算标准。仅考虑减排的经济性当然是不可取的，其环境效益、就业推动、社会效益等都需要考虑进来。如何构建一个较为完善的成本效益评价体系显得尤为必要。最后，在当下需要新能源在电力市场逐步替代煤电的大环境下，对新能源发电在电力市场的成本、定价、并网模式等关键内容的研究较为缺乏。

第3章　中国能源供需与碳减排的历史趋势分析

明确国家能源供应与能源需求的变动趋势，有助于从宏观上把握中国能源供需关系的演进方向，从而对未来能源供需与碳排放的发展走势有针对性的理解与预见，同时可作为后续能源规划模型运行的重要数据基础。本章内容由能源消费、能源供应、能源消费强度、碳排放四个部分构成。

3.1　能源消费

3.1.1　能源消费总量与人均消费量

1. 能源消费总量

随着中国经济的快速发展，中国的能源消费也一直保持着较高的增长速度，2000～2015 年达到了年均 7.42%的增长速度，更是在 2009 年超越了美国，成为世界第一大能源消费国。

随着中国经济发展进入新常态，能源消费增长趋缓。2012～2015 年能源消费增速分别为 3.9%、3.7%、2.2%和 0.9%（中国能源研究会，2016），而在此前的 2002～2007 年，能源消费平均增速高达 12.3%，2009～2011 年，年均增速也达到 6.5%（中国能源研究会，2016）。2000 年以来，中国能源消费增速在每五年都呈下降趋势："十五"期间为 12.2%，"十一五"期间为 6.7%，"十二五"期间为 3.8%（中国能源研究会，2016），"十三五"期间为 2.95%，一次能源消费总量从 2015 年的 43.4 亿吨标准煤，增长至 2020 年的 49.8 亿吨标准煤，累计增幅为 14.75%，比"十二五"期间能源消费累计增幅降低了 4.45%（万圣，2022）。

目前我国能源消费增速逐渐放缓，但还没有明显的达峰迹象。一些发达国家已达到能源消费峰值，其发展轨迹对我国达峰时间的判断具有一定的参考价值。我们考察了世界上主要国家 1965～2015 年间的能源消费变化趋势，美国、英国、法国、德国、日本在考察区间内出现了较为明确的能源消费峰值时间点（图 3-1）。美国在 2007 年达到能源消费峰值 237 020 万吨标准油，英国为 22 890 万吨标准油（达峰时间为 2005 年），法国为 26 300 万吨标准油（达峰时间为 2004 年），德国为 37 090 万吨标准油（达峰时间为 1979 年），日本为 52 130 万吨标准油（达峰时间为 2005 年）。截止到 2015 年，中国、韩国、印度、巴西均未出现能源消费峰值，各国的一次能源消费总量分别为 305 300 万吨标准油、28 620 万吨标准油、72 390 万吨标准油和 29 780 万吨标准油。

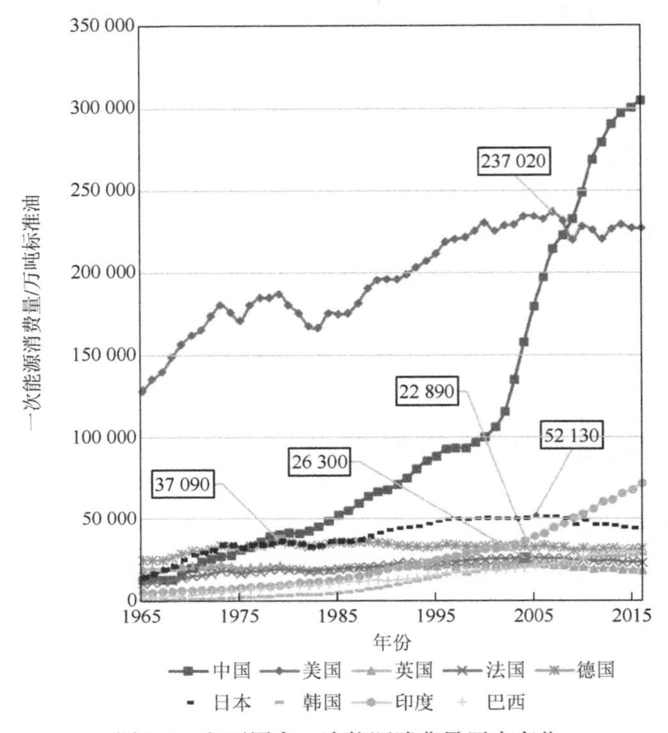

图 3-1　主要国家一次能源消费量历史变化

资料来源：BP Statistical Review of World Energy（2017）

2. 人均能源消费

虽然中国能源消费总量已位居世界第一，但由于人口基数较大，我国的人均能源消费并不算高。从图 3-2 可以看出，我国的人均能源消费量在 2002 年以前一直增长缓慢，2002 年后才开始以较快的速度增长，目前的水平虽然比其他主要发展中国家要高，但仍是低于欧美发达国家的。

这里考察主要国家的人均能源消费变化趋势，目前已达到峰值的有美国、英国、法国、德国、日本这五个国家。美国人均能源消费峰值为 8.54 吨标准油，达峰时间为 1973 年；英国 1973 年达到峰值 4.03 吨标准油；法国 2001 年达到峰值 4.22 吨标准油；德国 1979 年达到峰值 4.75 吨标准油；日本 2005 年达到峰值 4.08 吨标准油。而中国、韩国、印度、巴西均未出现人均能源消费峰值。截止到 2015 年，中国、韩国、印度、巴西的人均能源消费分别为 2.21 吨标准油、5.59 吨标准油、0.55 吨标准油和 1.43 吨标准油。

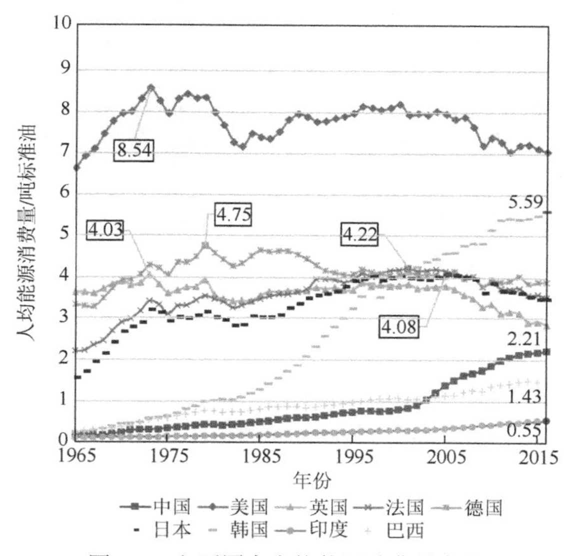

图 3-2　主要国家人均能源消费量变化

资料来源：BP Statistical Review of World Energy（2017）

3.1.2　能源需求构成

1. 能源消费品类构成

随着能源结构调整速度的进一步加快，清洁能源利用走向规模化发展，近年来，我国能源消费的品类构成发生了较大的变化。2000～2015 年，化石能源中煤炭和石油的消费占比逐渐下降，煤炭下降了 4.8 个百分点，石油下降了 3.7 个百分点，更为清洁的天然气消费占比上升了 3.7 个百分点。以风电、光伏、核电为代表的清洁能源快速发展，令我国清洁能源消费比重持续提高，从 2000 年的 7.3%上升到 2015 年的 12.1%，构筑了日益完善且合理的能源消费体系，如图 3-3 和图 3-4 所示。

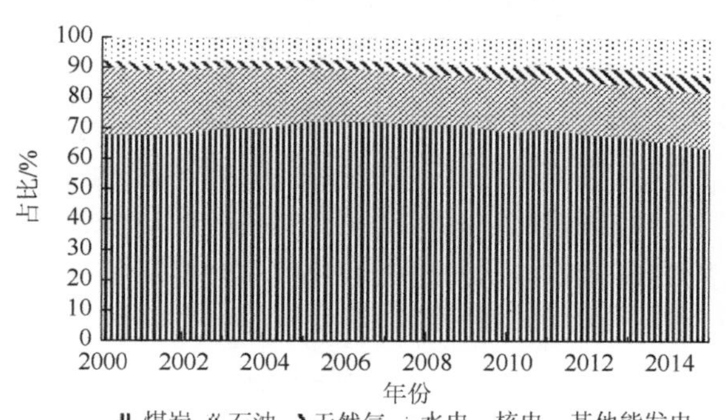

图 3-3　2000～2015 年我国分品类能源消费占比变化

资料来源：《中国能源统计年鉴 2001～2016》

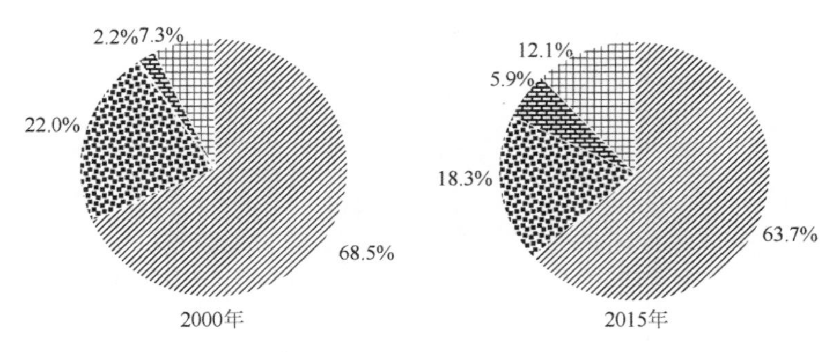

图 3-4 2000 年与 2015 年各品类能源消费占比

资料来源：《中国能源统计年鉴 2001～2016》

2. 能源消费行业构成

图 3-5 呈现了 2000～2015 年我国分行业能源消费的历史变化情况，其中消费总量占据前三位的是工业部门、居民生活部门和交通运输部门，这也是近年来学术界重点研究如何降耗的关键领域。

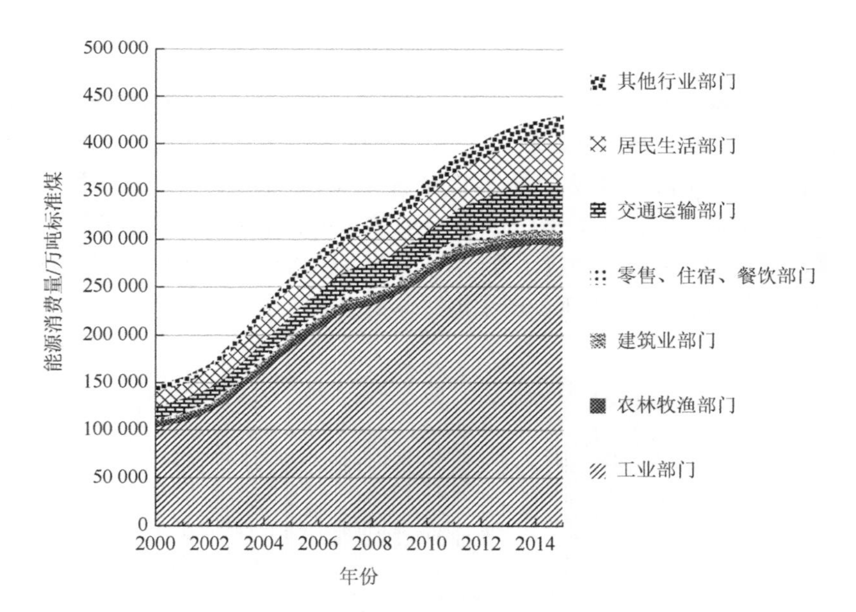

图 3-5 2000～2015 年我国分行业能源消费量变化

资料来源：《中国能源统计年鉴 2001～2016》

从占比上来看，尽管 2000～2015 年我国产业结构发生了较大转变，但各行业能源消费量占比变化却不大，呈现下降趋势的有工业部门和农林牧渔部门，而占比略有上升的则是交通运输部门、居民生活部门和其他行业部门（图 3-6）。

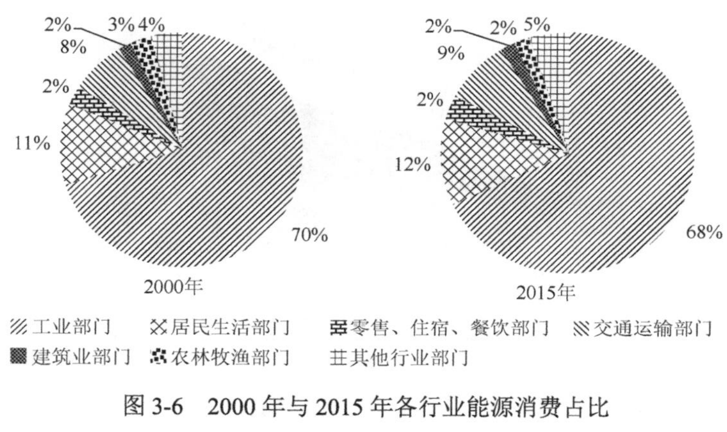

图 3-6　2000 年与 2015 年各行业能源消费占比

资料来源：《中国能源统计年鉴 2001～2016》

3. 终端能源消费量

1）居民生活能源消费

居民生活能源消费总量从 2000 年的 16 695 万吨标准煤增加到 2015 年的 50 099 万吨标准煤，年均增长 7.6%，是我国在节能减排大趋势下能源消费新的主要增长点之一。将各类能源消费按照《中国能源统计年鉴》附录中的折标煤系数折算之后，得到了如图 3-7 所示的 2000～2015 年居民生活用能中各品种能源消费变化趋势。从图中可以看出，除煤炭、焦炭和煤油消费近十五年基本持平外，其余能源品种均呈现增加的趋势，其中增加较快的是汽油、天然气、电力和液化石油气，这体现了我国居民生活耗能从以煤炭消费为主向以天然气和电力为主的结构转变的趋势，而液化石油气虽然在城市居民生活中逐渐被淘汰，但农村消费需求的兴起使其消费量仍然有所增加。

2）商住能源消费

商住用能主要指行业分类中的批发零售业和住宿餐饮业，消费总量从 2000 年的 3251 万吨标准煤增加到 2015 年的 11 404 万吨标准煤，年均增长 8.73%。将各类能源消费按照《中国能源统计年鉴》附录中的折标煤系数折算之后，得到了如图 3-8 所示的 2000～2015 年商住用能中各品种能源消费变化趋势。商住能源需求主要集中于供电和供暖两项，因此电力消费攀升最为迅速，同时柴油、天然气消费也缓步上升。

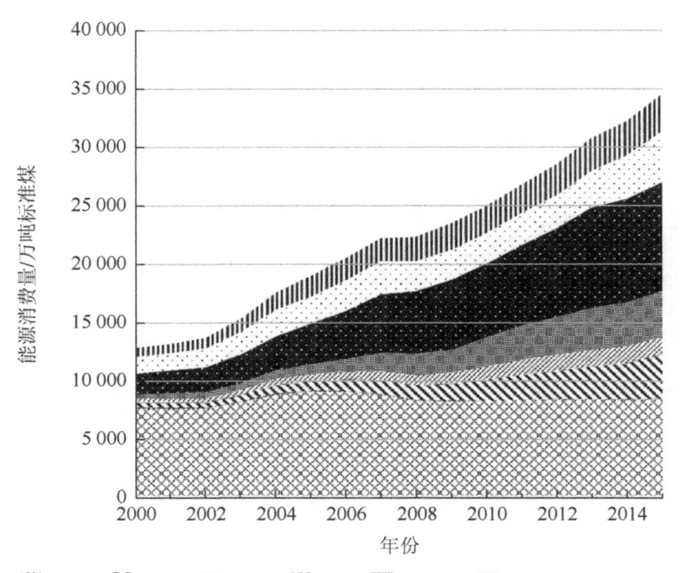

图 3-7　2000～2015 年中国居民生活能源消费变化

资料来源：《中国能源统计年鉴 2001～2016》

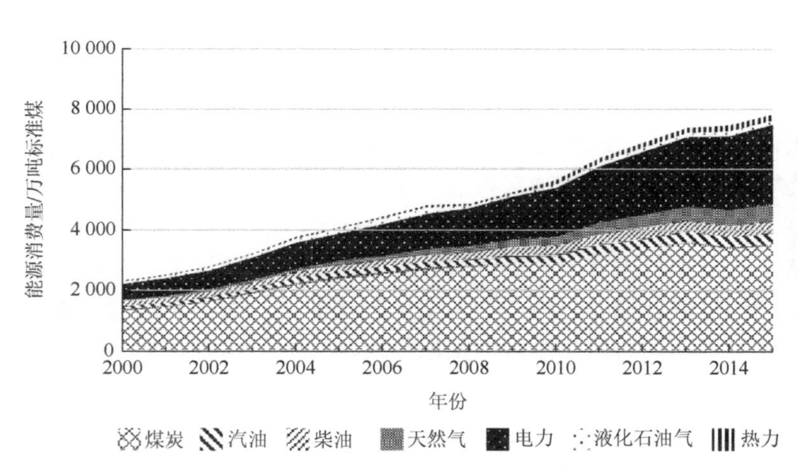

图 3-8　2000～2015 年中国商住能源消费变化

资料来源：《中国能源统计年鉴 2001～2016》

3）交通运输能源消费

交通运输能源消费总量从 2000 年的 11 447 万吨标准煤增加到 2015 年的 38 318 万吨标准煤，年均增长 8.39%，也是我国在节能减排大趋势下能源消费新的主要增长点之一。将各类能源消费按照《中国能源统计年鉴》附录中的折标煤系数折算之后，得到了如图3-9所示的2000～2015年交通运输用能中各品种能源消费变化趋势。随着我国私家车拥有量和货物运输量的增长，汽油和柴油的需求量呈现快速增长的趋势；归功于LNG客车与卡车的推广，天然气在交通领域的需求也有明显上升；煤油的需求增长主要来自航空领域；目前较为火热的电动汽车行业所带来的预期电力需求增长暂时并不明显。

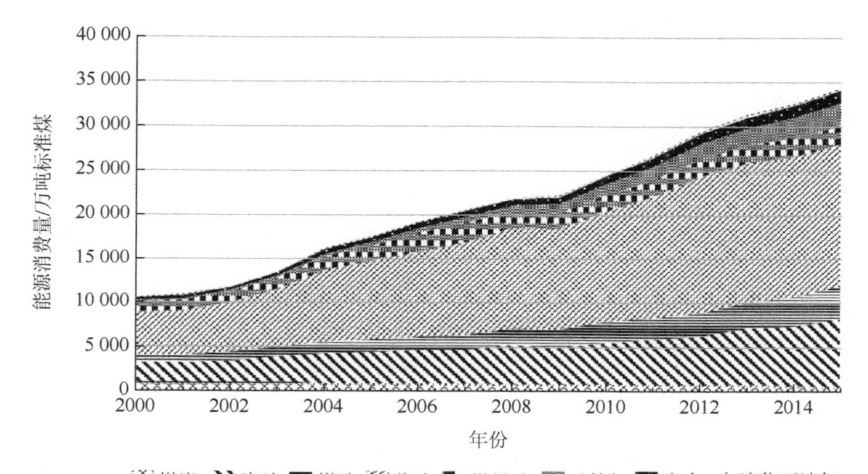

图3-9　2000～2015年中国交通运输能源消费变化

资料来源：《中国能源统计年鉴2001～2016》

4）建筑业能源消费

建筑业能源消费总量从2000年的2207万吨标准煤增加到2015年的7696万吨标准煤，年均增长8.68%。将各类能源消费按照《中国能源统计年鉴》附录中的折标煤系数折算之后，得到了如图3-10所示的2000～2015年建筑业用能中各品种能源消费变化趋势。可以看到，煤炭、汽油、柴油和电力四类能源基本占据了建筑业能源需求的全部，在增速上电力需求增长速度略高于其他几类。

5）工业能源消费

工业能源消费总量从2000年的103 014万吨标准煤增加到2015年的292 276万吨标准煤，年均增长7.2%。将各类能源消费按照《中国能源统计年鉴》附录中的折标煤系数折算之后，得到了如图3-11所示的2000～2015年工业用能中各品种能源消费变化趋势。需要注意的是，工业部门消费的煤炭和原油有一部分是用于能源的加工转换，如发电、供热、制气等，需要将其剔除出终端消费，否则会造成能源消费的重复计算。在剔除了中间转换消耗后，可以看到煤炭、焦

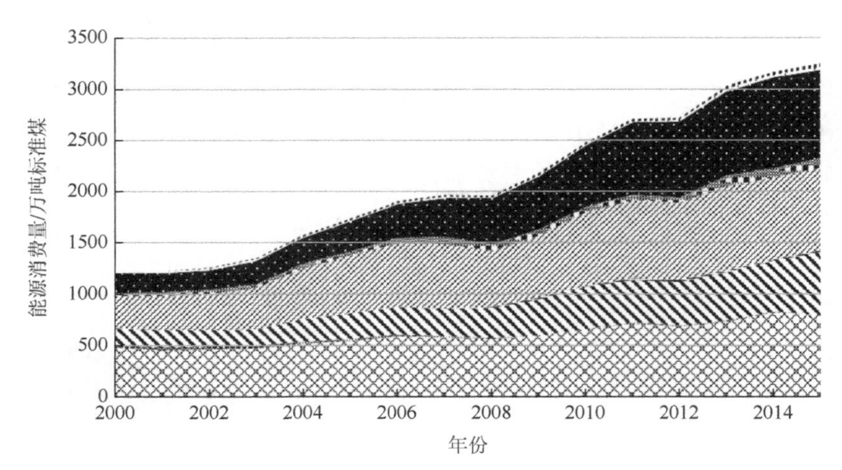

图 3-10　2000～2015 年中国建筑业能源消费变化

资料来源：《中国能源统计年鉴 2001～2016》

炭、天然气和电力是工业部门能源需求的主要增长点，其他能源品类贡献不大。而且除了电力和天然气外，煤炭和焦炭需求在 2012 年之后均出现了总量达峰甚至是开始下降的趋势，这体现了工业部门能源结构转型、去产能和提高能源利用效率等政策的成效。

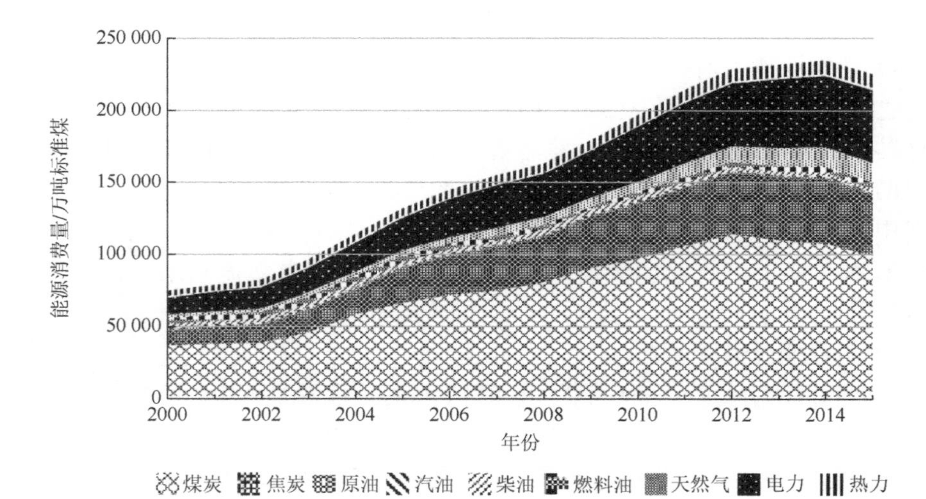

图 3-11　2000～2015 年中国工业能源消费变化

资料来源：《中国能源统计年鉴 2001～2016》

6）农林牧渔业能源消费

农林牧渔业能源消费总量从 2000 年的 4233 万吨标准煤增加到 2015 年的 8232 万吨标准煤，年均增长 4.53%，是能源需求增长最慢的一个行业。将各类能源消费按照《中国能源统计年鉴》附录中的折标煤系数折算之后，得到了如图 3-12 所示的 2000～2015 年农林牧渔业用能中各品种能源消费变化趋势。电力需求在 2010～2015 年已基本达到稳定，而煤炭和柴油的需求则有小幅的上升。

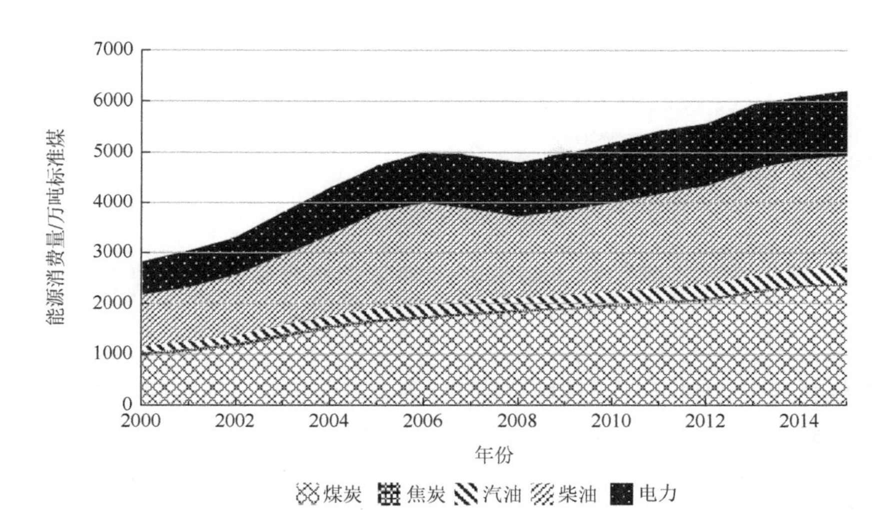

图 3-12　2000～2015 年中国农林牧渔业能源消费变化

资料来源：《中国能源统计年鉴 2001～2016》

3.2 能 源 供 应

3.2.1 总能源供给

与迅猛增长的能源需求相比，我国能源供给虽然也持续增加，但仍略滞后于能源需求，能源缺口日趋扩大（图 3-13）。中国从 1991 年开始出现能源缺口，能源供给开始无法满足国内能源需求（刘立涛，2011）。2000～2015 年能源缺口从 0.84 亿吨标准煤增长到 6.84 亿吨标准煤，年均增长 15%。

3.2.2 电力供给

改革开放以来，我国发电装机容量快速增长，逐渐摆脱了供不应求的局面，

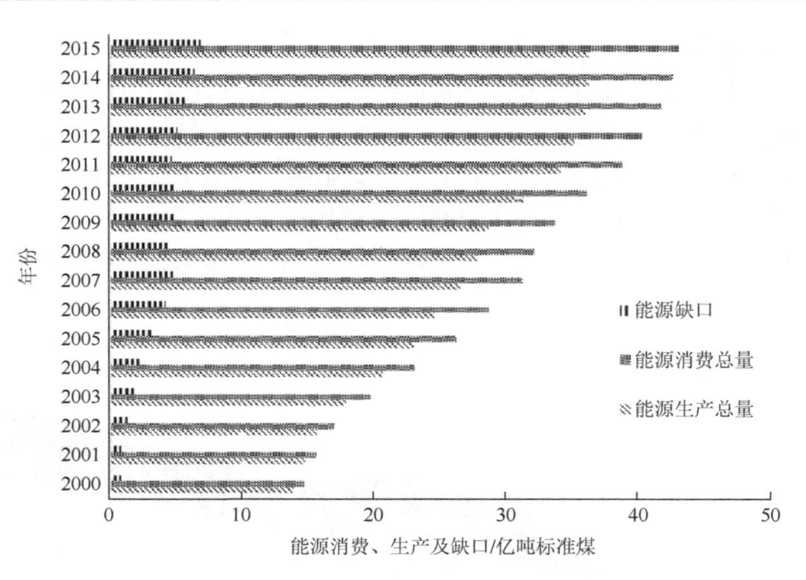

图 3-13　2000～2015 年中国能源供给缺口

资料来源：《中国统计年鉴 2001～2016》

人均装机容量在 2014 年历史性地突破 1 千瓦。总装机容量从 2000 年的 31 932 万千瓦增长到 2015 年的 152 527 万千瓦，年均增长率为 10.99%。主要新能源技术方面，风力发电与太阳能发电起步较晚，但增速十分喜人。风力发电装机容量从 2005 年的 106 万千瓦增长到 2015 年的 12 934 万千瓦，年均增长率为 61.67%。太阳能发电装机容量从 2009 年的 2.5 万千瓦增长到 2015 年的 4318 万千瓦，年均增长率为 246.38%（表 3-1）。

表 3-1　2000～2015 年主要发电技术装机容量　（单位：万千瓦）

年份	总装机容量	火电	水电	核电	风电	太阳能
2000	31 932	23 754	8 377	217	—	—
2001	33 849	25 314	8 743	217	—	—
2002	35 657	26 555	9 059	317	—	—
2003	39 141	28 977	9 941	500	—	—
2004	44 239	32 948	10 975	600	—	—
2005	51 718	39 138	12 190	657	106	—
2006	62 370	48 382	13 480	757	207	—
2007	71 822	55 607	15 275	860	420	—
2008	79 273	60 286	17 714	1 399	839	—

续表

年份	总装机容量	火电	水电	核电	风电	太阳能
2009	87 410	65 205	20 083	1 422	1 760	2.5
2010	96 641	70 967	22 060	1 082	2 958	26
2011	106 253	76 834	23 298	1 257	4 623	222
2012	114 676	81 968	24 947	1 257	6 142	341
2013	125 768	86 238	28 002	1 461	7 548	1 479
2014	137 018	91 569	30 183	1 988	9 581	2 652
2015	152 527	99 021	31 937	2 608	12 934	4 318

资料来源：《中国能源统计年鉴 2001～2016》。

总发电量从 2000 年的 13 556 亿千瓦·时增长到 2015 年的 58 145.7 亿千瓦·时，年增长率为 10.19%，与装机容量增速大致相当。主要新能源技术中，风力发电量从 2005 年的 16 亿千瓦·时增长到 2015 年的 1856 亿千瓦·时，年均增长率为 60.86%。太阳能发电量从 2011 年的 6 亿千瓦·时增长到 2015 年的 395 亿千瓦·时，年均增长率为 184.85%（表 3-2）。

各类能源装机容量和发电量趋势图见图 3-14。

表 3-2　2000～2015 年主要发电技术发电量（单位：亿千瓦·时）

年份	总发电量	火电	水电	核电	风电	太阳能
2000	13 556	11 165	2 224	167	—	—
2001	14 808	11 768	2 774	175	—	—
2002	16 540	13 522	2 880	265	—	—
2003	19 106	15 804	2 837	439	—	—
2004	22 033	18 104	3 535	505	—	—
2005	25 003	20 473	3 970	531	16	—
2006	28 657	23 742	4 358	548	28	—
2007	32 816	27 229	4 853	629	57	—
2008	34 669	27 072	5 852	692	131	—
2009	37 147	30 117	6 156	701	276	—
2010	42 072	33 319	7 222	747	501	—
2011	47 130	38 337	6 989	872	741	6
2012	49 876	38 928	8 721	983	1 030	36
2013	54 316	42 153	9 203	1 115	1 383	84
2014	57 945	43 616	10 729	1 332	1 598	235
2015	58 145.7	42 421	11 303	1 714	1 856	395

资料来源：《中国能源统计年鉴 2001～2016》。

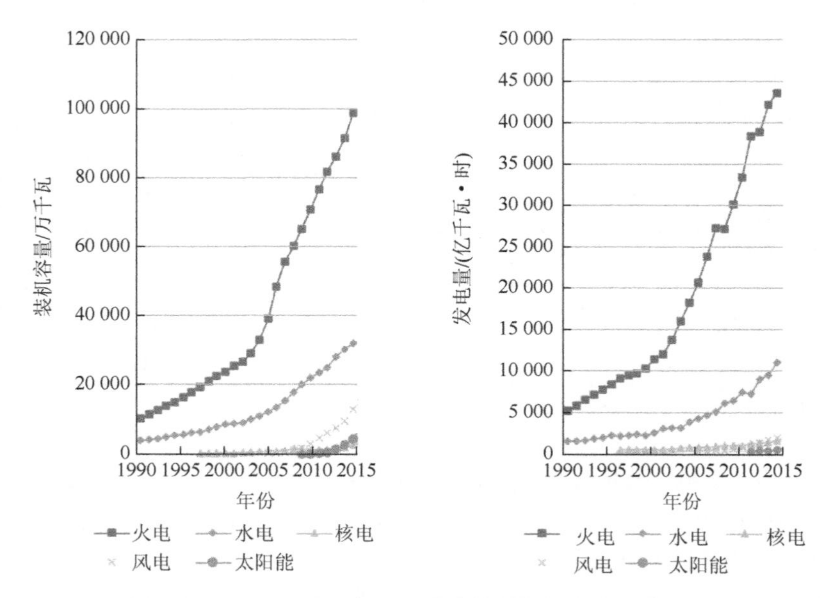

图 3-14　1990～2015 年主要发电技术装机容量和发电量

资料来源：《中国能源统计年鉴 2001～2016》

3.2.3　新能源供给成本

1. 风力发电装机成本与发电成本

我国新能源产业起步较晚，目前仍然处于生命发展周期中的成长期，需要投入大量的研发成本。目前风电产业相较而言已比较成熟，成本较初期已有了明显下降，发电成本在国际上都具有一定的竞争力。国际可再生能源机构（International Renewable Energy Agency，IRENA）的统计显示，我国陆上风电安装成本从 1997 年的 2560 美元/千瓦下降到 2016 年的 1245 美元/千瓦，陆上风电度电成本从 1997 年的 0.200 美元/千瓦下降到 2016 年的 0.057 美元/千瓦，陆上风电容量因子（风力发电机组在特定的风速下的最大功率和额定功率之比）从 1997 年的 0.190 美元/千瓦上升到 2016 年的 0.249 美元/千瓦，如表 3-3 和图 3-15 所示（此处的美元为 2016 年美元不变价）。

表 3-3　中国陆上风力发电成本与容量因子变化　（单位：美元/千瓦）

发电成本与容量因子	1997 年	1998 年	1999 年	2000 年	2001 年	2002 年	2003 年	2004 年	2005 年	2006 年
陆上风电安装成本	2560	2458	2253	2150	2048	1997	1686	1636	1649	1613
陆上风电度电成本	0.200	0.168	0.162	0.147	0.122	0.136	0.098	0.095	0.100	0.096
陆上风电容量因子	0.190	0.200	0.190	0.200	0.230	0.200	0.239	0.236	0.227	0.232

续表

发电成本与容量因子	2007 年	2008 年	2009 年	2010 年	2011 年	2012 年	2013 年	2014 年	2015 年	2016 年
陆上风电安装成本	1473	1482	1626	1404	1366	1322	1267	1288	1251	1245
陆上风电度电成本	0.079	0.076	0.086	0.070	0.062	0.063	0.061	0.061	0.059	0.057
陆上风电容量因子	0.257	0.246	0.238	0.254	0.252	0.241	0.236	0.241	0.242	0.249

资料来源：Ilas A，Ralon P，Rodriguez A. Renewable Power Generation Costs in 2017. Abū Dhabi：International Renewable Energy Agency，2017.

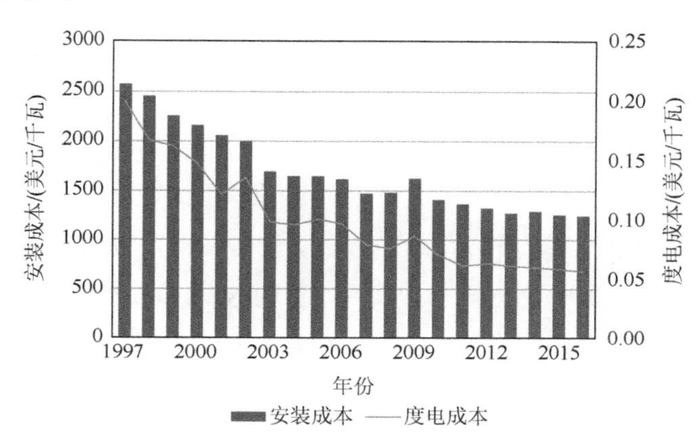

图 3-15　1997～2016 年中国陆上风力发电成本变化

资料来源：Ilas A，Ralon P，Rodriguez A. Renewable Power Generation Costs in 2017. Abū Dhabi：International Renewable Energy Agency，2017

2. 光伏发电装机成本与发电成本

光伏产业相较风电产业市场化更晚，虽然市场规模扩张迅速，但目前装机与发电成本仍然较高。国际可再生能源机构的统计显示，我国光伏电站安装成本从 2010 年的 3816 美元/千瓦下降到 2017 年的 1102 美元/千瓦，光伏电站度电成本从 2010 年的 0.30 美元/千瓦下降到 2017 年的 0.08 美元/千瓦。商业光伏安装成本从 2011 年的 3008 美元/千瓦下降到 2017 年的 1153 美元/千瓦，商业光伏度电成本从 2011 年的 0.20 美元/千瓦下降到 2017 年的 0.09 美元/千瓦。户用光伏安装成本和户用光伏度电成本，从 2013 年的 2296 美元/千瓦和 0.16 美元/千瓦，分别下降到 2017 年的 1351 美元/千瓦和 0.11 美元/千瓦，如表 3-4 和图 3-16 所示（此处的美元为 2016 年美元不变价）。

表 3-4　中国不同类型光伏发电成本变化　（单位：美元/千瓦）

成本	2010 年	2011 年	2012 年	2013 年	2014 年	2015 年	2016 年	2017 年
光伏电站安装成本	3816	3373	2698	1951	1670	1432	1168	1102
光伏电站度电成本	0.30	0.26	0.20	0.15	0.13	0.11	0.09	0.08

续表

成本	2010 年	2011 年	2012 年	2013 年	2014 年	2015 年	2016 年	2017 年
商业光伏安装成本	—	3008	2353	2000	1569	1325	1211	1153
商业光伏度电成本	—	0.20	0.16	0.14	0.12	0.10	0.10	0.09
户用光伏安装成本	—	—	—	2296	2202	1580	1500	1351
户用光伏度电成本	—	—	—	0.16	0.16	0.12	0.11	0.11

资料来源：Ilas A，Ralon P，Rodriguez A. Renewable Power Generation Costs in 2017. Abū Dhabi：International Renewable Energy Agency，2017.

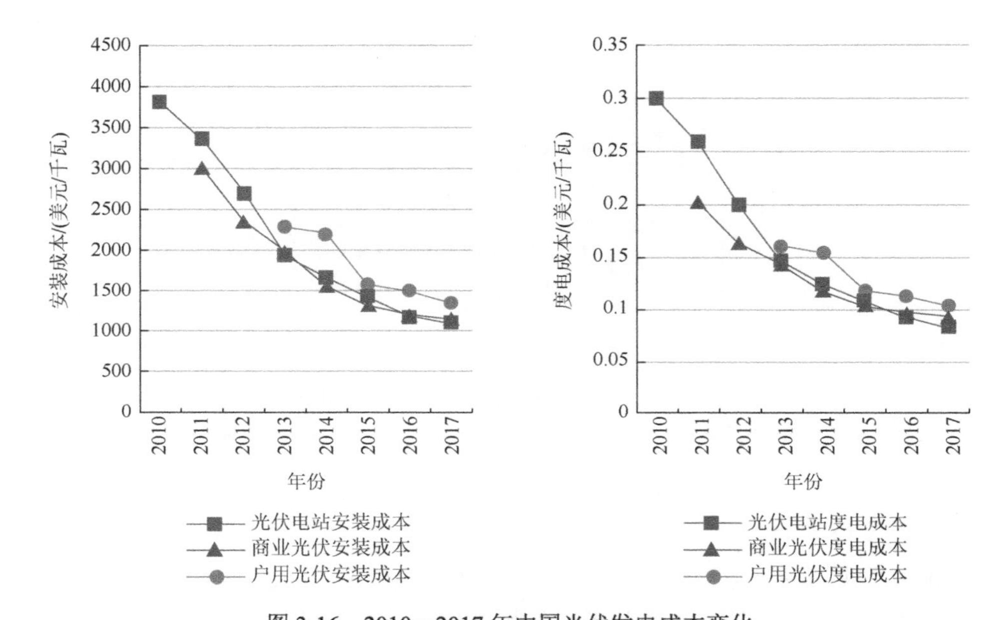

图 3-16　2010～2017 年中国光伏发电成本变化

资料来源：Ilas A，Ralon P，Rodriguez A. Renewable Power Generation Costs in 2017. Abū Dhabi：International Renewable Energy Agency，2017

3.3　能源消费强度

能源消费强度一般用单位国内生产总值（gross domestic product，GDP）能耗来表示，反映了能源的利用效率，能源强度越大，能源利用效率就越低。本节利用我国一次能源消费总量与 GDP 总量的比值计算能源强度，图 3-17 为我国 1990～2015 年能源强度变化示意图。

由图 3-17 可知，我国自 1990 年以来，能源强度呈现逐年减小的变化趋势，由 1990 年的 5.23 吨标准煤/万元减小到 2015 年的 0.62 吨标准煤/万元，这说明随着科技的发展和国家的低碳节能政策的推进，我国的能源生产效率在不断提高，

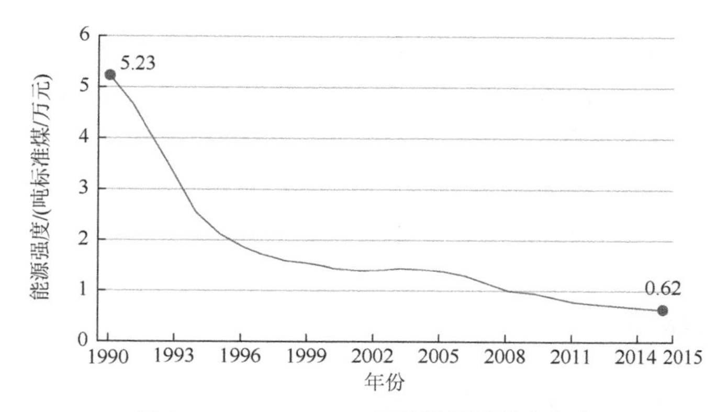

图3-17　1990～2015年我国能源强度变化

资料来源：由《中国统计年鉴》数据计算得到，GDP数据采用全国经济普查后已调整的数据

单位能耗产出的经济效益不断提高。但由于技术的限制，单位GDP能耗下降的幅度将会越来越小。

描绘能源消费与经济增长关系的另一个指标是能源消费弹性系数。能源消费弹性系数一般用来反映GDP增长速度与能源消费增长速度之间的变化关系，可用于预测某一地区的能源需求量，计算公式为

$$d=\frac{E_g}{\mathrm{GDP}_g}=\frac{\Delta E/E_0}{\Delta\mathrm{GDP}/\mathrm{GDP}_0} \tag{3-1}$$

式中，d 表示能源消费弹性系数；E_g 表示能源消费年均增长率；GDP_g 表示地区生产总值年均增长率；ΔE 为能源消费增量；E_0 为初始年的消费量；$\Delta\mathrm{GDP}$ 为地区生产总值的增量；GDP_0 为初始年的地区生产总值（苏璟等，2008）。当 $d>1$ 时，经济增速小于能耗增速，说明经济的增长伴随着更为粗放的能源消耗；当 $d=1$ 时，两者增速相同；当 $d<1$ 时，说明能源利用效率较高，此时能源消耗可带来更好的经济效益。图3-18为2000～2015年我国能源消费弹性系数。

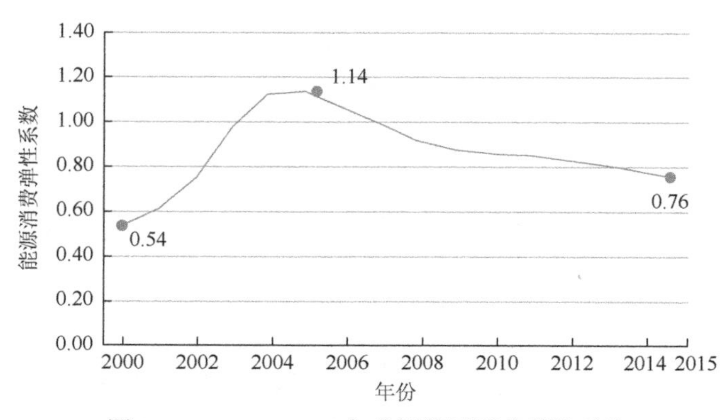

图3-18　2000～2015年我国能源消费弹性系数

由图 3-18 可知，2003～2007 年我国的能源消费弹性系数 $d>1$，即能源利用较为粗放，能效低下；2007 年往后能源消费弹性系数 $d<1$，且逐年下降，即经济增长速度大于能源消耗增长速度，说明我国单位经济增长所消耗的能源越来越少。

3.4 碳 排 放

3.4.1 碳排放总量

British Petroleum（BP）的统计数据显示，我国在 2006 年左右超过美国，成为世界上碳排放量最大的国家。2001～2011 年是我国近半个世纪碳排放增速最快的一段时间，平均增速达到了 10.86%，2012～2014 年碳排放平均增速降至 1.88%。

考察世界上主要国家碳排放达峰的情况，美国、英国、法国、德国、日本分别在 2005 年、1971 年、1979 年、1991 年和 2004 年达到了 57.90 亿吨、6.61 亿吨、5.29 亿吨、9.30 亿吨和 12.66 亿吨的碳排放峰值水平（德国由于数据缺失，实际达峰时间应该更早），中国、印度、韩国和巴西的排放总量仍在增加，如图 3-19

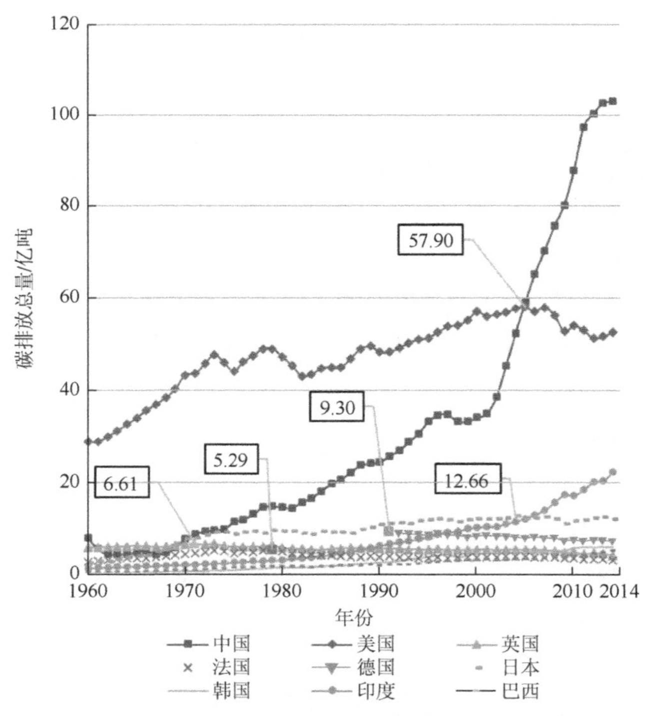

图 3-19　1960～2014 年世界主要国家碳排放总量变化

资料来源：BP Statistical Review of World Energy 2017

所示。与图 3-1 中各国能源消费变化进行对比后发现，碳排放量与能源消费量的变化趋势基本一致，绝大多数国家的碳达峰时间都比能源消费达峰时间要早。

3.4.2 碳排放强度

碳排放强度是指单位 GDP 增长所带来的 CO_2 排放量。该指标主要用来衡量一国经济和碳排放量之间的关系，如果一国在经济增长的同时，单位 GDP 所带来的 CO_2 排放量在下降，那么说明该国正在逐步靠近更加低碳的发展模式。

从图 3-20 中可以看到，主要发达国家在经过了数十年的发展后，普遍将碳排放强度控制在了 0.5 千克/美元以下，基本实现了较稳定的低碳发展模式。而中国和印度仍处于排放强度较高的阵营。印度的碳排放强度经过先上升后下降的发展历史，始终在 1 千克/美元左右徘徊；而中国的碳排放强度则是从 19 世纪 60 年代初的 6.10 千克/美元下降到 2014 年的 1.24 千克/美元，虽然距离发达国家的排放强度标准还有一定的距离，但已经在调整产业结构和提高能效上付出了巨大的努力。

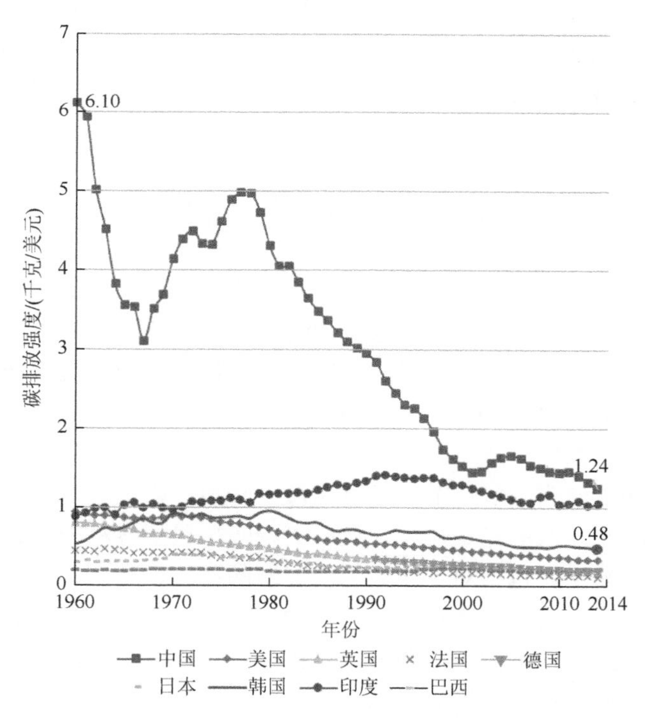

图 3-20　1960～2014 年世界主要国家碳排放强度变化趋势

资料来源：BP Statistical Review of World Energy 2017

第 4 章　基于 LEAP 模型的中长期能源需求与新能源发展模拟

LEAP 模型包括能源供应、能源加工转换、终端能源需求等环节，通过资源、转换、需求三个过程，模拟现实中能源从开发到满足需求的完整过程。具体到本章建立的模型，由于涉及预测能源总消费量、碳排放量、新能源规模和发电量，同时对经济、环境成本和效益进行测算，因此构建的 LEAP 模型包括终端需求模块、能源转化模块和环境影响评价模块这三个模块。其中终端需求模块包括居民生活部门、商住部门、交通运输部门、建筑业部门、工业部门、农林牧渔部门和其他行业部门这 7 个子部门的终端需求；能源转化模块设计了基础发展情景、低碳发展情景和强化低碳情景三种发展情景，三种情景均包括光伏发电、风电、生物质发电、火电、水电与核电等电力子部门；环境影响评价模块主要关注终端需求模块和能源转化模块中的化石能源氧化作用带来的 CO_2 排放。

4.1　LEAP 模型介绍

LEAP 模型是由瑞典斯德哥尔摩国际环境研究院及美国波士顿 Tellus 研究所共同研究开发的一个自下而上的能源-环境模型工具，可以用来预测在不同驱动因素影响下，全社会中长期的能源供应与需求，并计算能源在流通和消费过程中的大气污染物以及 CO_2 排放量。LEAP 模型是专门为能源规划尤其是长期能源规划所设计的。它的数据输入透明，而且比较灵活。LEAP 模型包括能源供应、能源加工转换、终端能源需求等环节，通过资源、转换、需求三个过程，实现现实中能源从开发到满足需求的完整过程。供应“资源”包括各种一次、二次能源的开发，能源技术“转换”包括对一次、二次能源的加工、利用、运输、储存等中间环节，能源“需求”为社会各部门对总能源的需求量。完成一次计算循环后，就可以了解在一个封闭的范围内能源需求、供应及平衡状况，同时了解与能源加工转换过程相关的投入和环境排放情况。

模型要求收集各种技术统计数据、财务统计数据和相应的环境排放统计数据并依赖于已编制好的 TED 对给定的能源方案进行经济、环境影响的分析，即成本-收益模块整合计算系统中产生的所有成本和收益，环境分析模块对能源系统的所有排放情况及其影响进行整合、分析。其优势是在能源规划的计算上，避开了优化模型因缺乏严格的数据输入要求或无法满足复杂的限定条件而无法运算的情况，这比较符合能源规划的实际。

在做封闭地区的能源战略和能源平衡分析时，LEAP 模型更方便、快捷，结构清晰，界面友好；而在对新能源进行分析时，它的成本效益和环境收益分析的优势比较突出。能源需求预测数据结构可按四个等级建立，即部门、子部门、终端使用、设备，尤其通过对各种技术在各个国家或地区应用情况的收集与整理，TED 提供了大量有价值的技术参数，形成了对模型的有力支撑。

4.1.1　LEAP 模型对本章研究的适用性

想要测算新能源对我国碳减排的贡献，必须先测算出能源消费总量和各类新能源的消费量，这便涉及能源发展规划的问题。大多数研究以历史数据进行趋势外推的方法来预测能源需求，这在不确定环境中是具有一定局限性的，无法满足决策者的需要。而从前面的文献综述可以看出，LEAP 模型在多情景下的能源规划分析中具有突出的优势，最重要的是可以对新能源发电部分进行计算，比较适合本章的研究使用。

4.1.2　LEAP 模型建模步骤

（1）收集影响发展前景的因素和参数，构建参数框架。

（2）情景设定。采用定性结合定量的方式，对可能影响到能源供需的社会经济政策因素和未来演变趋势进行分析并量化。需考虑未来十多年可能会出现的能源政策变化、产业结构调整等因素对能源需求可能的影响。具体采用专家评估法，同时利用资料对量化数据进行校正。

（3）对不同方案的情景设定和量化指标进行评述，将参数输入模型，得出结果并进行定量分析。

（4）结合预测结果和情景假定条件，得出需要采取的不同政策措施。

4.1.3　LEAP 模型的一般数据结构

1. 能源需求

能源需求模块对未来的能源需求进行预测，预测结果取决于各部门的活动水平及该活动水平对应的能源强度，在建立合理的数据结构后，LEAP 模型使用活动水平和能源强度两个参数的乘积计算终端能源需求量。该数据结构可按部门、子部门、终端使用和设备 4 个等级建立。例如，工业是经济活动部门，钢铁就是它的子部门之一，锅炉是其中的一个终端，煤锅炉就是终端使用的设备之一。LEAP 模型以如下公式计算能源需求总量：

$$\mathrm{ED}_k = \sum_i \mathrm{AL}_{k,i} \times \mathrm{EI}_{k,i} \tag{4-1}$$

式中，ED_k 表示终端能源消费总量；$\mathrm{AL}_{k,i}$ 表示第 i 个部门的第 k 种终端能源使用设备活动水平；$\mathrm{EI}_{k,i}$ 表示该活动水平下的能源强度。不同部门的不同子部门中的活动水平和能源使用强度是不同的，因此在预测的过程中，不同部门在不同情景中的活动水平和能源使用强度也就不同，使不同的情景在能耗上有了差别。

2. 能源转化

能源转化模块依据所预测的能源需求数据模拟从能源需求到一次能源的转化过程，如石油的最终燃料为煤油、柴油等，水力发电的最终燃料为电力。通过该模块可以得出本地资源是否满足本地的能源需求，由此我们可以计算出本地经济发展活动中所需要进口或者出口的能源量，最终实现本地区的能源供需平衡。新能源的发展规划就是在“能源转化”这一模块实现的。

3.生物质资源

生物质资源模块主要用于模拟预测本地区对生物质能源的需求量，同时使用该模块可以得出生物质能源需求量对该地区土地使用情况的影响，利用该模型可以有效解决农村中有关能源的一些问题。

4. 环境影响评价

环境影响评价模块根据模型内置的环境数据库，对能源供应备选方案所造成的环境影响进行评价，计算出备选方案产生的污染物排放量并分析其给水或人体等带来的危害。实际应用中多利用该模块模拟计算 CO_2 的长期排放趋势，并依据其对环境产生的影响，提出相应的碳减排措施。

5. 成本分析

成本分析模块就是在满足未来社会发展需求的情况下，从各个角度分析计算实施各能源方案所产生的费用，从而尽量选择出费用最小且更加适合该地区经济发展的方案。

4.2　模型的全局变量设定

LEAP 模型中的“全局变量”需要单独予以设定，并作为其他模块可调用的变量贯穿于整个模型的不同情景之中，在终端需求模块和能源转化模块中均会用到。本章设置在后期经常会用到的人口增长率、城镇化率和经济增长率为全局变量。

1. 人口增长率

一个地区的人口数量必然会影响该地区的能源消费总量，且该地区的能源消费总量会随着人口数量的上升而增大，人口城镇化是社会发展的必然规律，人口的增加必然导致城市人口密度的增加，人民生活水平、消费水平会得到提升，导致其对衣、食、住、行等方面的需求总量增大，由此会带动当地各相关部门的经济发展及对能源的需求，从而增加 CO_2 排放量。

按照《国家人口发展规划（2016—2030 年）》描述的我国人口发展的主要目标，如果生育水平适度提高，人口素质不断改善，结构逐步优化，分布更加合理，那么到 2030 年，人口自身均衡发展的态势基本形成，人口与经济社会、资源环境的协调程度进一步提高。总和生育率逐步提升并稳定在适度水平，2030 年左右达到峰值 14.5 亿人，此后持续下降，预计 2040 年回落至 2020 年的人口水平，其他年份在 LEAP 模型软件内进行相应的平滑差值（表 4-1）。

表 4-1　LEAP 模型关键全局变量设定

变量	2020 年	2025 年	2030 年	2035 年	2040 年
人口/亿人	14.2	14.45	14.5	14.41	14.2
城镇化率/%	63	67.6	70	71.9	74
GDP 增长率/%	6	5	4	3	3
人均 GDP/元	63 993	79 496	95 459	111 354	129 727

2. 城镇化率

城镇化率是衡量一个地区城镇化水平高低的量度指标，可以反映一个地区的经济发展水平。城镇化率的提高会带动当地的经济增长，并推进当地的工业化进程，目前中国正处于城镇化与工业化快速发展时期，虽然经济增速可能有所放缓，但在可以预见的未来，工业化的推进仍然会进一步推动对能源的需求。

关于城镇化率的预测，采用不同的方法可以得出不同的结果，而且往往差别较大，例如，对我国 2030 年城镇化率的预测就从 64%到 80%不等（兰海强等，2014）。2014 年颁布的《国家新型城镇化规划（2014—2020）》曾提出 2020 年中国常住人口城镇化率会达到 60%左右，但到 2019 年底中国的城镇常住人口的比重已经第一次超过 60%，达到 60.6%。国务院发展研究中心和世界银行集团在《2016 年中国人类发展报告》中的研究预测，到 2030 年，中国的城镇化率预计将达到 70%左右，大约有 10 亿人生活在城市里（联合国开发计划署，2016）。结合以上预测结果，我们设定城镇化率在 2020 年为 63%，2030 年达到 70%，2040 年达到 74%，其他年份在 LEAP 模型软件内进行相应的平滑差值（表 4-1）。

3. 经济增长率

党的十九大报告中提出，2020～2035 年是我国的第一个“十五年目标”奋斗阶段，该阶段的目标是“基本实现社会主义现代化”[①]。清华大学中国与世界经济研究中心从经济增长的视角，通过国际比较，对该目标的实现进行了探讨。研究结果表明，中国近几年的人均收入水平为美国的 27%、澳大利亚的 32%、韩国的 41%，如果将“基本实现社会主义现代化”理解为“人均收入水平在 21 世纪中叶达到世界银行集团‘高收入国家’中位数的水平”，那么需要在未来 33 年里保持年均 4.1%以上的经济增速。分阶段而言，如果中国经济能在 2017～2025 年保持年均 6%的增速、2026～2035 年保持年均 4%的增速、2036～2050 年保持年均 3%的增速，那么到 21 世纪中叶的人均收入水平将基本达到世界银行集团“高收入国家”中位数的水平（李稻葵，2017）。参照这个研究结果，本章以 2015 年为基准年，将研究范围内各个时间段的经济增长率设定为 2016～2020 年为 6%，2020～2025 年为 5%，2026～2030 年为 4%，2031～2040 年为 3%。在人口和 GDP 预测值的基础上计算得到人均 GDP 的预测值（表 4-1）。

4.3　终端需求模块

依照应用 LEAP 模型对能源需求进行预测的常规的研究步骤，需要将各部门细化到最末端的子部门来考察其能源需求，如家庭部门细化到主要的热水器具、照明用电、空调等，农业部门细化到主要的粮食作物种类、肉类、禽蛋等（蔡立亚，2013）。一般意义上的终端需求模块的计算原理见式（4-1）。

不过鉴于全社会各部门终端设备的相关参数获取困难，而且本章研究的重点在于新能源部分，即能源转化模块的细分，因此本章研究根据实际情况采取了另

① https://www.gov.cn/zhuanti/2017-10/27/content_5234876.htm。

一种方式，即子部门各个品类能源需求量之和的形式：将终端耗能部门分为居民生活部门、商住部门、交通运输部门、建筑业部门、工业部门、农林牧渔部门和其他行业部门 7 个部门，在这 7 个部门下将煤炭、焦炭、原油、汽油、煤油、柴油、燃料油、天然气、电力和液化石油气等各品类的能源消费设置为子部门。这样既避免了较为繁复的对子部门能效水平的调查，又保留了后续模型中计算不同品类能源碳排放的可能性。按照这样的逻辑，将具体计算原理调整为如下形式：

$$\mathrm{ED}=\sum_k\sum_i \mathrm{AL}_{k,i} \tag{4-2}$$

式中，ED 表示终端能源需求总量；$\mathrm{AL}_{k,i}$ 表示第 k 个部门中第 i 个子部门的活动水平；$\sum_i \mathrm{AL}_{k,i}$ 表示第 k 个部门终端能源需求之和。

根据以上分析，以 2015 年为基准年，从居民生活部门、商住部门、交通运输部门、建筑业部门、工业部门、农林牧渔部门和其他行业部门这 7 个部门入手对中国终端能源需求趋势进行预测分析和参数设定。为了更清晰地考察不同新能源发展情景对总能源需求的影响，避免情景嵌套太多导致杂乱，终端需求模块只设置一个默认情景。同时由于涉及分能源品类统计计算的问题，因此能源需求和碳排放计算均采取电热当量计算法，在此予以说明。

4.3.1　居民生活部门

根据我们对居民生活部门能源需求历史数据的分析，焦炭、煤油需求属于需求总量小且需求量已基本稳定的品类，煤炭属于需求量大但近几年增速已基本接近 0 的品类，在未来 5 年内大概率会达峰。而汽油、天然气、电力、液化石油气与热力是居民生活部门需求增长的主要动力。汽油、柴油、天然气、电力、液化石油气与热力需求的增长率见表 4-2。

表 4-2　2001～2015 年居民生活用能主要品类的增长率　（单位：%）

年份	汽油	柴油	天然气	电力	液化石油气	热力
2001	7.28	12	30.34	10.83	–0.27	0.58
2002	11.94	7	9.74	10.08	13.21	13.88
2003	23.74	30	12.55	16.18	14.82	26.5
2004	34.75	34	29.23	15.86	21.37	22.96
2005	14.78	9	18.15	20.99	–1.61	25.72
2006	17.51	16	29.72	16.17	12.98	9.42
2007	26.42	16	39.22	21.22	9.11	1.3

续表

年份	汽油	柴油	天然气	电力	液化石油气	热力
2008	9.86	9	18.62	8.21	−11.04	8.8
2009	16.83	10	4.45	10.83	2.66	6.75
2010	21.51	18	27.71	5.19	2.76	0.61
2011	20.18	16	16.53	9.66	4.57	3.91
2012	14.26	8	9.04	10.66	1.75	10.8
2013	13.74	2	12	12.38	12.85	4.98
2014	11.76	0	6.1	2.68	17.74	6.15
2015	22.37	1	5.02	5.42	17.31	8.51

资料来源：《中国能源统计年鉴 2001～2016》。

未来居民生活部门能源需求的增长仍然主要来自私家车的燃油需求和家庭日常生活中的供热、燃气及电力需求。随着人民生活水平的不断提升，汽车刚性需求保持旺盛，汽车保有量保持迅猛增长趋势。截至 2016 年底，全国机动车保有量达 2.9 亿辆，其中汽车 1.94 亿辆，汽车占机动车的比例持续提高（中国产业信息网，2017）。从 2003 年开始，生活消费领域的汽油消费量开始以年均 24.8%的速度增长，是汽油消费 7 个行业中增速最快的（卢红等，2014）。随着人民物质生活水平的不断提高，加上国家“汽车下乡”“以旧换新”等政策的出台，我国的私人汽车持有量将持续保持大幅上升趋势，继而带动居民生活领域汽油需求上升。但同时也需要注意未来生物燃料和电动汽车的发展潜力，因此后期汽油需求增速会放缓。预计到 2030 年，我国城镇化率将达到 70%，约 2.3 亿人从农村转移到城镇，城镇流动人口将达到 8000 万。这一趋势将进一步增加居民的用能需求，如集中供暖和天然气取暖等，特别是城市管网将延伸至小城镇，天然气、液化气等城市燃气占家庭能源的比例有望呈刚性增长。同时，居民消费开始从温饱型向享乐型消费过渡，居民电力需求尤其是农村人口的需求提升空间仍然很大。因此天然气和电力需求在未来一段时间将仍保持较高速度增长。

具体到生活用能增长率的设定，大量学者的研究表明，居民生活能源需求与人均经济增长之间呈现较为密切的长期正向均衡关系（张峰玮和曾琳，2014；王文蝶等，2014），还有研究更为精确地推导出了人均生活用能与人均收入之间呈线性相关的关系。由 4.2 节的全局变量设定可以得到人均 GDP 的增长率预测值（表 4-1），在 SPSS 中对人均 GDP 的增长趋势进行模拟，发现其基本符合线性函数增长趋势（$R^2 = 0.9987$），因此按照人均生活用能与人均收入之间的正向均衡关系，我们有理由推测各品类的人均生活用能的增长也符合线性函数的增长趋势。最后计算得到表 4-3 中的主要品类在节点年份的预测值。其余非主要增长贡献品类需求由于已基本停止增长，因此不再符合线性函数增长趋势。对煤炭、焦炭和煤油取最近五年的平均值作为预测值代入模型计算。

表 4-3　中长期居民生活部门用能主要品类的预测值

项目	2025 年	2030 年	2035 年	2040 年
汽油/万吨	3 475	4 220	4 965	5 711
柴油/万吨	1 639	1 956	2 273	2 590
天然气/亿米 ^{3}	567	687	807	928
电力/（亿千瓦·时）	11 443	13 632	15 821	18 009
液化石油气/万吨	2 938	3 375	3 812	4 250
热力/亿千焦	13 503 000	15 849 400	18 195 800	20 542 200

4.3.2　商住部门

商住部门即统计年鉴指标中的“批发、零售业和住宿、餐饮业”部门。随着国民经济整体水平的提升、城镇化率的提高，居民消费水平也在提升，必然带动居民居住、商业和服务业能源消费水平的提高。但是当居民生活水平和城镇化水平达到一定程度时，这种增长趋势将减缓，直至一个稳定水平。近十几年来，发达国家的人均居住、商业和服务业能耗基本维持稳定水平，年均变化幅度很小，美国基本稳定在 3 吨标准煤左右，日本、德国、英国、法国 4 国则在 1.5 吨标准煤左右。

根据我们对商住部门能源需求历史数据的分析，煤炭、汽油、柴油、天然气、电力和热力是商住部门能源需求的主要增长来源。有关商住部门能源需求影响因素的研究较少，鉴于商住部门活跃程度与居民生活消费联系紧密，同时能源消费类型重复度也较高（谷立静和郁聪，2011），本章研究参照居民生活部门的预测办法进行设定，具体设定值见表 4-4。其余非主要增长贡献能源品类取最近五年的平均值作为 2016～2040 年的预测值代入模型计算。

表 4-4　中长期商住部门用能主要品类的预测值

项目	2025 年	2030 年	2035 年	2040 年
煤炭/万吨	5 691	6 543	7 394	8 245
汽油/万吨	336	394	453	511
柴油/万吨	1 644	1 963	2 281	2 600
天然气/亿米 ^{3}	75	91	107	124
电力/（亿千瓦·时）	3 048	3 633	4 218	4 804
热力/亿千焦	897 200	1 089 600	1 282 000	1 474 400

4.3.3　交通运输部门

根据我们对交通运输部门能源需求历史数据的分析，交通运输部门能源需求增长主要集中于汽油、柴油和煤油，分别对应着陆路交通客货运与航空客货运。

中长期预测情形下，石油能源还将继续占据交通运输能源的主体地位。客货运周转量是决定交通运输部门能源需求的关键因素，中国交通运输行业的客货运周转量一直随着经济的快速发展在不断增长。2003～2013 年，载货和载客汽车数量年均分别增长 8.67%和 21.8%，公路总里程年均增长 10.3%，公路旅客周转量和公路货物周转量年均分别增长 8.8%和 21.3%，水路货物周转量年均增长 11.1%，沿海规模以上港口货物吞吐量和邮政业务总量年均分别增长 15.6%和 19.2%（卢红等，2014）。未来新增的汽油、柴油消费大部分来自交通运输和以私家车为主的生活消费领域，从第 3 章的图 3-9 可以看出汽油消费量的增长速度要高于柴油消费量，因此柴（油）汽（油）比将持续走低的概率较大，这从近年来的柴油需求增速放缓中可以体现出来。

关于客货运周转量，国内外学者和研究机构均对我国客货运周转量做出过预测（国家发展和改革委员会能源研究所课题组，2009；Chen et al.，2009），但大多基于 2005 年以前的数据，与现在的发展状况偏离较远；陈俊武和陈香生（2011）针对前人预测中一些不合实际的部分进行了调整，认为客货运周转量的增幅应该在 2030～2035 年出现峰值拐点后逐步减缓甚至下降，并给出了自己对于我国 2050 年客货运周转量的预测值。本章在以上研究结果的基础上，结合 2000～2015 年我国陆路、水运、航空客货运周转量历史数据，对未来客货运周转量做出预测（表 4-5）。其中变化较大的是，私家车保有量的增加以及打车软件的盛行，传统公路客运量被大量分流，在近几年呈持续下降趋势；未来随着高速铁路、航空运输对其进一步分流，其下降趋势可能会进一步延续。

表 4-5　中长期客货运周转量预测值

项目		2030 年	2040 年
客运周转量/（亿人·千米）	公路	8 500	7 000
	铁路	20 000	25 000
	航空	20 000	30 000
	水运	70	70
	总计	48 570	62 070

续表

项目		2030 年	2040 年
货运周转量/（亿吨·千米）	公路	67 000	73 000
	铁路	30 000	35 000
	航空	700	1 820
	水运	120 000	140 000
	总计	217 700	249 820

在此基础上，测算未来我国交通运输领域汽油、柴油和煤油的需求量。汽油需求主要来自公路客运，柴油需求来自公路货运、内河航运客货运，煤油需求来自航空领域。单位周转量运输能耗数据和内河航运货运量占比数据来自陈俊武和陈香生（2011）的研究，同时参考交通运输部在 2008 年对单位运输量能耗的建议，按照每年下降约 1%计算得到主要品类的需求预测值如表 4-6 所示。其余非主要需求增长品类按照简单增长趋势进行回归模拟。

表 4-6　中长期交通运输部门用能主要品类预测值设定

项目	2030 年	2040 年
汽油/万吨	6 440	7 200
柴油/万吨	11 629	11 332
煤油/万吨	8 029	10 780

4.3.4　建筑业部门

尽管建筑业相关能耗占据了我国近三分之一的能源需求（郑挺颖，2018），但如果去掉生活和商住部门的建筑使用能耗之后，其实建筑业本身带来的能源需求并不多，2015 年仅占能源总需求的 1.8%。根据我们对建筑业部门能源需求历史数据的分析，建筑业部门的能源需求主要来自煤炭、汽油、柴油和电力消费。消费形式主要体现在建筑工程施工能耗和工程机械能耗上。

目前已有的关于建筑业能耗的研究多集中于建筑供暖、耗电等内部能耗、碳排放及其影响因素的研究（Hong et al.，2016；Lin et al.，2017；胡颖和诸大建，2015），对建筑行业本身能源消耗的研究不多。陈光（2013）通过对中国 1994～2010 年建筑业总产值和建筑业能源消费的主要贡献品类煤炭、电力、汽油和柴油的消耗量进行回归分析，发现建筑业总产值和各个品类之间存在着较为明显的线性关系，这意味着如果能够对建筑业总产值进行较准确的预测，再根据历史数据回归得到建筑业总产值与各个能源品类之间的相关系数，便可以获得建筑业各个能源品类的回归方程。

我国建筑行业总体处于上升期，总产值稳步上升，但增长率整体上有逐渐下降的趋势，已从 2001 年的年增长 20%以上下降到 2014～2016 年间的 10%以下（图 4-1）。建筑业“十三五”规划中对总产值的增长预期也仅设定为 7%。

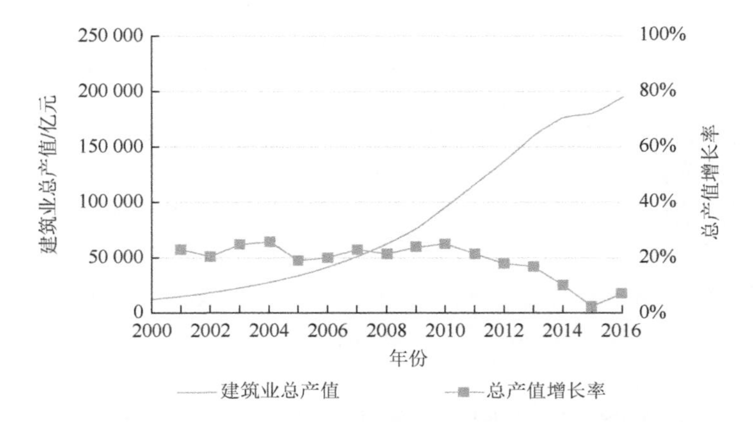

图 4-1　2000～2016 年我国建筑业总产值及其增长率变化

资料来源：《中国统计年鉴 2001～2017》

增长率下降的一部分原因应该归于我国经济增长速度逐渐放缓，同时逐渐进入大面积建设基础设施的末期，这点可以从每年的房屋建筑施工面积变化上看出来（图 4-2）。房屋建筑施工面积在 2000～2013 年间保持快速上升趋势，在 2014 年达到峰值后，便开始缓慢下降。

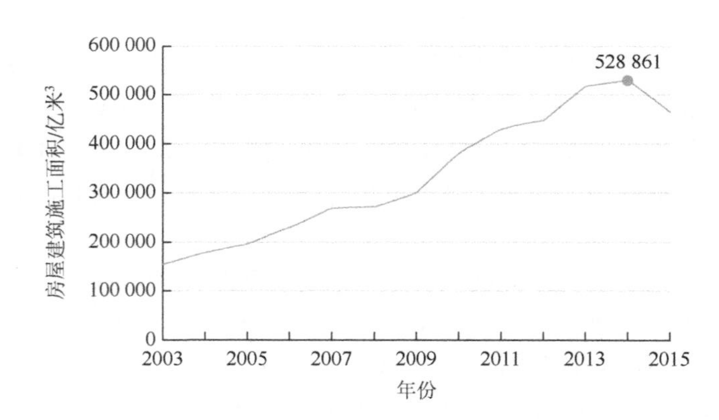

图 4-2　2003～2015 年我国建筑业企业新开工房屋建筑施工面积

资料来源：《中国统计年鉴 2001～2016》

但另外一点需要看到的是我国轨道交通建设提速明显，2009～2016 年城市轨道交通线路在建长度快速增长（图 4-3）。轨道交通的特点决定了其建设将会与城镇化的进程共始终，已经建成的城市，由于土地资源不可再生，因此地下空间的使用将持续推进。在可以预见的未来 20 年城镇化进行中，轨道交通的建设将逐步从特大型、大型城市发展到地级市。这将缓解住房建设逐渐冷却带来的建筑行业产值下降。

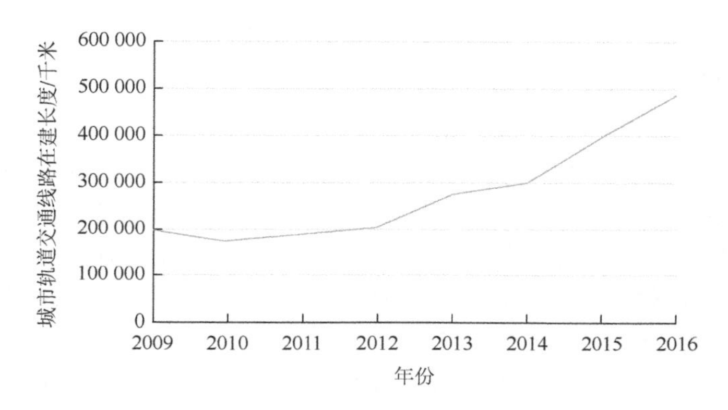

图 4-3　2009～2016 年我国城市轨道交通线路在建长度

资料来源：《中国城市建设统计年鉴 2010～2017》

综合以上两点分析，结合建筑业总产值历史变化趋势，本章判断未来一段时间内建筑业总产值符合线性增长趋势。结合陈光（2013）的研究结果，最终确定煤炭、电力、汽油和柴油消费量在未来一段时间内符合线性增长趋势。根据历史数据回归得到的煤炭、电力、汽油和柴油的线性增长方程式（其中，t 表示时间）如下。

煤炭（单位：万吨）：

$$E_{煤炭}=26.582t-52\,719.2$$

电力（单位：亿千瓦·时）：

$$E_{电力}=43.211t-86\,400.95$$

汽油（单位：万吨）：

$$E_{汽油}=18.637t-37\,214.32$$

柴油（单位：万吨）：

$$E_{柴油}=24.823t-49\,450.24$$

根据以上方程式对建筑业主要能源品类消费量进行预测，主要年份的预测值见表 4-7。其余能源品类对总量贡献较小，已停止增长的能源品类取近五年平均值作为未来预测值，剩下的按照各自原有的增长趋势设定增长率。

表 4-7 中长期建筑业部门用能主要品类预测值

项目	2025 年	2030 年	2035 年	2040 年
煤炭/万吨	1109	1242	1375	1508
汽油/万吨	526	619	712	805
柴油/万吨	816	940	1065	1189
电力/(亿千瓦·时)	1101	1317	1533	1749

4.3.5 工业部门

工业部门是我国急需节能减排转型的最重要的部门。根据相关产业发展趋势和规划，钢铁、有色冶金、建材的生产能力已经基本达到顶峰，进入总量控制下的结构调整和空间布局优化阶段。再加上工业单位产值的能源强度进一步下降，工业部门能源需求峰值极有可能会提前到来，使中国的工业部门能源需求演进呈“倒 U 形”趋势（马丽和刘立涛，2016）。

目前国内对工业终端能源需求的预测并不多，中国工程院在 2011 年对我国能源中长期（2030 年、2050 年）发展战略进行过研究，预测工业终端能源需求在 2030 年、2040 年和 2050 年分别达到 16.24～17.7 亿吨、16.35～18.16 亿吨和 16.43～18.26 亿吨。或许是因为预测时间较早或者对工业终端消费的统计口径不一样，其结果与目前的现实需求数据有一定差距。这样来看，直接预测需求量具有一定的时间局限性，那么寻求能源需求与其他变量之间关系的研究则相较而言具有更好的适用性。刘固望和王安建（2017）对 15 个发达经济体的工业部门的终端能源需求增长与人口、经济增长的关系进行了系统分析，发现随着人均 GDP 的增长，工业部门的人均终端能源消费显现缓慢增长、加速增长、减速增长到零增长或负增长的“S”形轨迹，而且其根据样本国家到达峰值时的人均终端能源消费的高低大致可以分为高、中、低“S”形三类。在“S”形轨迹模型之外，也有人提出了“倒 U 形”的库兹涅茨曲线，因为重化工行业能源需求会比工业部门其他行业的需求下降得更快，不会呈现“S”形轨迹后期那样缓慢的下降趋势。若重化工行业按照这样的趋势发展，将进一步促进工业部门终端能源需求的下降。

根据我们对工业部门能源需求历史数据的分析，煤炭、焦炭和电力是工业部门终端能源需求的主要增长点。本章尝试运用以上“S”形和“倒 U 形”模型对这三种主要能源消费趋势进行预测。

首先，工业终端能源需求中的电力需求增速有逐渐放缓的迹象，但在未来的一段时间内肯定还会继续增加，因此可以尝试套用“S”形轨迹模型。结合前面的工业终端能耗和总人口数据计算出人均工业终端能耗，发现我国在人均 GDP 为 13 440 美元（购买力平价）时达到人均工业终端能源消费的峰值 1.74 吨标准煤（图 4-4）。根据刘固望和王安建（2017）的研究结果，该趋势符合低“S”形轨迹，该轨迹下人均工业部门终端能源消费（E）与人均 GDP（G）曲线的方程式为

$$E-E_i=A\frac{\exp(\alpha_1(G-G_i))-\exp(-\alpha_3(G-G_i))}{2\cosh(\alpha_2(G-G_i))} \tag{4-3}$$

式中，α_1、α_2、α_3 为指数常数，单位与 G^{-1} 相同；G_i、E_i 分别为曲线在转折点对应的人均 GDP 和人均工业部门终端能源消费；A 为趋势关系方程的振幅，单位与 G 相同。常数均可以通过代入历史数据求得。将上述公式中的“人均工业部门终端能源消费”替换为“人均工业部门电力消费”即可转换为对电力消费预测的模型。

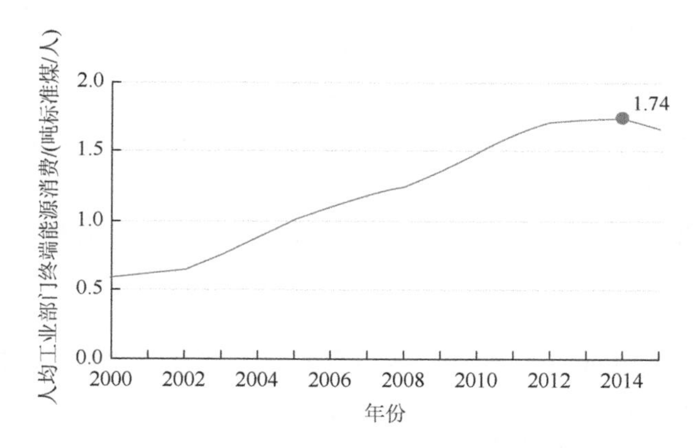

图 4-4 2000～2015 年中国人均工业部门终端能源消费量变化

其次，煤炭和焦炭需求分别在 2012 年和 2014 年达到峰值并开始下降，在我国强力的能源结构调整政策之下，基本可以看作二者需求总量已达峰，其需求在未来将会逐渐下降，总体比较符合“倒 U 形”的库兹涅茨曲线，具体则套用“二次多项式回归模型”。

按照以上模型进行预测模拟，得到未来工业部门主要能源品类的预测值（表 4-8）。其余能源品类对总量贡献较小，已停止增长的能源品类取近五年平均值作为未来预测值，剩下的按照各自原有的增长趋势设定增长率。

表 4-8 中长期工业部门用能主要品类预测值设定

项目	2025 年	2030 年	2035 年	2040 年
煤炭/万吨	125 295	109 227	80 737	39 826
焦炭/万吨	55 760	54 833	50 089	41 528
电力/(亿千瓦・时)	50 000	54 000	57 000	56 000

4.3.6 农林牧渔部门

农林牧渔部门尽管在国民生活中具有相当重要的地位，但由于其不是能源消费和碳排放的主力贡献部门，因此对其需求预测的研究不多，主要的研究多集中于农村能源消费（程胜，2009）和农业能源效率（Yang et al.，2018）等方面。Fei 和 Lin（2017）根据历史数据对中国农业部门能源需求和节能潜力进行了估计，分析了农业经济产出、农业产业结构、农业机械化水平、财政农业支出和能源价格五个影响因素对农林牧渔部门能源需求增长的影响，最后运用蒙特卡罗模拟对 2020 年和 2025 年的农林牧渔部门能源需求进行了多情景预测，预测在常规情景下，中国农林牧渔部门在 2020 年和 2025 年的能源需求分别为 1.29 亿吨标准煤和 1.62 亿吨标准煤。结合目前农林牧渔部门总能源消费趋势来看，这个预测结果显然有些略高。而伊朗学者 Farajian 等（2018）运用自回归移动平均（autoregressive integrated moving average，ARIMA）模型模拟了伊朗农业的汽油、煤油、柴油和电力的历史需求变化，并对 2026 年的能源消费进行了预测，但 ARIMA 模型仅适用于短期预测，对本章的中长期预测效果不佳。

综合以上分析，我们决定结合农林牧渔部门的历史数据与未来发展趋势自行选择合适的回归模型进行预测。根据我们对农林牧渔部门能源需求历史数据的分析，农林牧渔部门的主要需求品类为煤炭、柴油和电力。由 3.1.2 节的历史数据分析可以看出，三者的消费量在 2000～2015 年持续上升，但均表现出增速放缓的趋势，可以判断农林牧渔部门已进入能源消费缓速增长期。事实上，该部门的能源强度在 2000～2015 年每年下降约 1 个百分点（马丽和刘立涛，2016），也就是说农林牧渔部门的能源需求量增长趋势的确将会越来越缓慢。根据这个趋势判断，选取符合趋势描述的“对数函数”模型，根据历史数据进行未来趋势模拟。模拟预测结果见表 4-9。其余能源品类对总量贡献较小，已停止增长的能源品类取近五年平均值作为未来预测值，剩下的则按照各自原有的增长趋势设定增长率。

表 4-9 中长期农林牧渔部门用能主要品类预测值设定

项目	2025 年	2030 年	2035 年	2040 年
煤炭/万吨	2700	2800	2900	3000
柴油/万吨	1560	1600	1650	1700
电力/（亿千瓦·时）	1130	1180	1200	1220

4.3.7　其他行业部门

《中国能源统计年鉴》中对“其他行业”的具体范围没有做明确说明，因此我们按照其增长率趋势进行相应的回归分析，从而设定对应年份的值。“其他行业”在 2000～2015 年能源消费年增长率保持在 1%左右，考虑到节能减排的大背景，这些行业在未来应该也会缓慢到达能源需求顶峰。

将以上对终端需求的预测值设定输入 LEAP 模型软件，最终在软件中呈现的终端需求模块如图 4-5 所示。图中示例为居民生活部门的分品类能源需求设定。

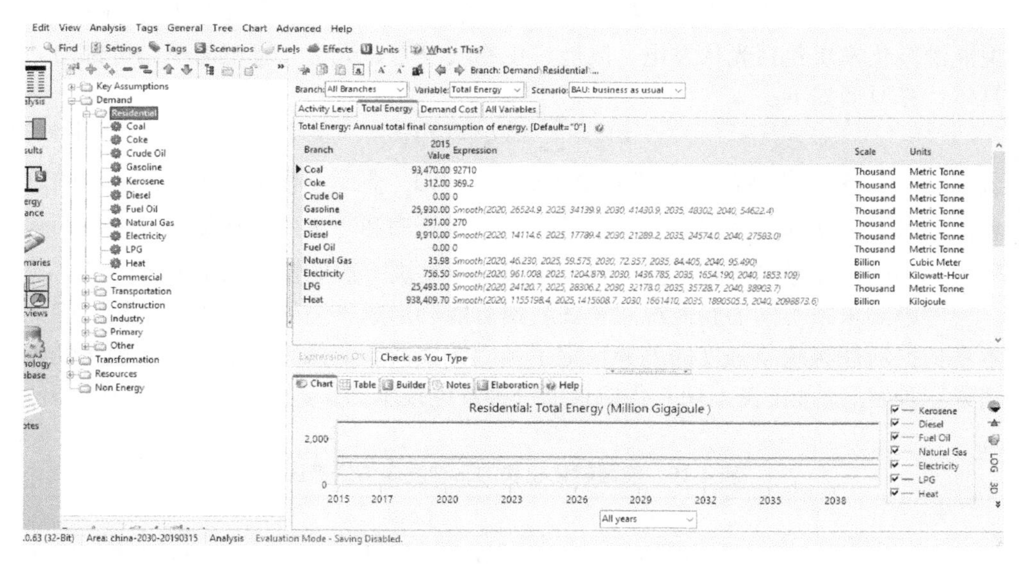

图 4-5　LEAP 模型终端需求模块界面

4.4　能源转化模块

4.3 节重点讨论了 LEAP 模型中终端需求模块的核算过程，本节主要解决能源转化模块如何满足二次能源需求的问题。

在中国，电力工业是能源工业的主要部分，根据中国电力企业联合会 2011 年公布的数据，截至 2010 年底，中国火力发电量在总发电量中的比例高达 80.3%以上，火电装机比例高达 73.4%。虽然新能源近年来发展迅速，但受资源和技术的制约，在很多国家还难以形成对煤电的大规模替代。因此，清洁高效的新火电技术，风电、光伏、生物质能源技术以及水电、核电等清洁能源中坚力量将在未来电力发展中扮演重要的角色。在资源条件、技术发展等多种不确定因素共存的条件下，政策和技术路线的选择将对各国中长期电力发展起到至关重要的作用。

为了节约能源、控制环境污染和减缓气候影响，中国必须重视电力行业的发展路径，强化发电用煤的清洁利用，提高机组的热效率，尽量降低污染物和温室气体排放，同时加快水电、核电发展，以及鼓励风电、光伏发电等新能源技术，并将其纳入中长期的电力规划中。

参照中国的资源状况、经济基础、技术趋势和政策环境，能源转化模块以2015年为基准年，对中国2016～2040年发电行业中长期发展规划进行政策模拟。首先，结合国家电力规划报告、电力技术等方面的最新统计和调研，对模型中的相关参数进行设定。其次，模型模拟得到2016～2040年全社会不同政策情景下的电力需求结构。具体到部门选择，根据本章的实际需求，本章所构建的LEAP模型能源转化模块包括光伏发电、风能、生物质发电、火电、水电与核电等部门。具体计算原理如下：

$$\mathrm{EI}_k = \sum\nolimits_i \mathrm{EO}_{k,i} / \mathrm{EFF}_k \tag{4-4}$$

式中，EI_k 表示 k 模块的一次能源输入量；$\sum\nolimits_i \mathrm{EO}_{k,i}$ 表示 k 模块输出二次能源的总和；EFF_k 表示 k 模块的转化效率。输入的一次能源和产出的二次能源及模块的转化效率不同，在预测过程中会导致不同情景中模块一次能源需求量的不同。

考虑到未来不同的新能源政策在我国可能会形成不同的电力供应结构，因此本章依据新能源政策强度的差异设定了基础发展情景、低碳发展情景、强化低碳情景三种发展情景（表4-10），各情景下每种发电技术的参数设定将在下文中展开。

表4-10　能源转化模块的三种发展情景描述

发展情景	情景描述
基础发展情景	国家考虑较低限度的温室气体减排的压力，仅在能够保证经济快速发展的前提下发展新能源产业。在该方案下，政府将尽可能以较低的经济成本，采用较为温和的能源结构改革方案，是一个较为保守的方案
低碳发展情景	国家既承担一定的节能减排和低碳发展的压力，同时也愿意为了新能源产业发展承担一定的经济成本，尽可能在经济发展和新能源发展之间找到平衡点
强化低碳情景	国家受到极强的应对气候变化和自身低碳化发展需求的压力，以最强硬的新能源政策，完全保证新能源技术研发的资金投入，风力发电、太阳能发电和生物质发电在结构构成中的比例迅速增长，是以极高的清洁能源占比为目的的一种发展方案。显而易见，该方案下政府承担的经济成本也最高

本节参数设定主要参考《中国统计年鉴》《中国能源统计年鉴》《可再生能源发展“十三五”规划》《电力发展“十三五”规划》《风电发展“十三五”规划》《太阳能发展“十三五”规划》《生物质能发展“十三五”规划》《能源发展战略行动计划（2014—2020年）》《中国可再生能源展望2016》《国网能源研究院：我国中长期能源电力转型发展展望与挑战分析》《中国能源中长期（2030、2050）发展

战略研究：可再生能源卷》等。由于能源供应在区域间存在竞争效应，因此火电、水电与核电的发展规模也会受到影响，所以一并考虑。光热发电、可再生能源供热与生物燃料也是新能源利用中很重要的组成部分，但由于其规模较小或数据统计不完整，因此较难纳入计算，在后续研究中会对其发展规模单独进行预测，在此不与新能源发电一起考虑。

4.4.1　风电

2015 年，全国新增风电并网容量 3297 万千瓦，累计并网容量为 1.29 亿千瓦，风电在整个能源消费结构中的比重逐年增长，2015 年风电在整个能源消费中的装机比例达到 8.6%，风电发电量为 1863 亿千瓦・时，占全部发电量的 3.3%（中国循环经济协会可再生能源专业委员会，2016）。随着风电规模的扩张和风电成本的下降，整个风电产业和市场也逐渐呈现出与发展初期有所不同的面貌。风电标杆电价逐年下调，投资风电项目能够获得的补贴将越来越少，这势必会影响风电装机容量的增长势头。2017 年，国家能源局综合司发布《关于开展风电平价上网示范工作的通知》，开始通过示范项目来推动实现风电在发电侧平价上网，意味着不久后风电将在无补贴的情况下与火电一起面对市场竞争。好在国家发展改革委在 2016 年开始执行风电全额保障性收购政策，算是给风电市场注入了一剂强心针。

针对未来中国风电的发展规模，不同机构做出过许多预测（表 4-11）。预测年份较早的中国循环经济协会可再生能源专业委员会和中国工程院得出的结果较为保守，而全球风能理事会（Global Wind Energy Council，GWEC）2016 年预测的结果则较为积极乐观。接下来做预测时，可以将不同预测结果中最积极与最消极的方案作为本章研究预测的上下限参考。

表 4-11　部分研究机构对中国风电发展规模的预测

预测机构	发展情景	2030 年	2040 年	2050 年
中国循环经济协会可再生能源专业委员会（2010 年）	常规发展情景	2.5 亿千瓦	3.5 亿千瓦	4.5 亿千瓦
	适度发展情景	3 亿千瓦	4 亿千瓦	5 亿千瓦
	先进发展情景	3.8 亿千瓦	5.3 亿千瓦	6.8 亿千瓦
中国工程院（2011 年）	低方案	2.4 亿千瓦	—	2.9 亿千瓦
	中方案	3 亿千瓦	—	3.6 亿千瓦
	高方案	3.6 亿千瓦	—	4.4 亿千瓦
国际可再生能源机构（2014 年）	参考情景	3.15 亿千瓦 6470 亿千瓦・时	—	—
	路线图情景	5.61 亿千瓦 12630 亿千瓦・时	—	—

续表

预测机构	发展情景	2030 年	2040 年	2050 年
全球风能理事会（2016 年）	IEA 新政策情景	3.65 亿千瓦	6.01 亿千瓦	7.94 亿千瓦
	IEA450 情景	4.52 亿千瓦	7.35 亿千瓦	10.1 亿千瓦
	GWEC 温和情景	5.42 亿千瓦	8.68 亿千瓦	11.5 亿千瓦
	GWEC 高级情景	6.67 亿千瓦	11.89 亿千瓦	17.9 亿千瓦

注：单位亿千瓦和亿千瓦·时对应的参数分别为装机容量和发电量。

参考以上预测结果，针对未来不同的风电政策可能性，设计风电的三种发展情景及对应的发展参数。

基础发展情景：此情景下以风电发展的经济性为最优选择，标杆电价政策将很快被废止，以强制性的平价上网及绿色证书政策取而代之，最大限度地将风电补贴的负担转移到市场上，此情景下政府的财政补贴负担大大减轻，但风电市场活力也会受到一定程度的影响。设定 2015 年起每五年的增长率分别为 9%、7%、5%、4%和 3%。同时，在该情景下，风电企业积极性受到一定程度的影响，每年的风电的有效利用小时数与全额保障性收购的最低小时数一致，约为 1800 小时。

低碳发展情景：该情景下会继续执行风电标杆电价一段时间，给予风电企业平价上网一段缓冲时间，随之而来的绿色证书政策也将采取非强制性的执行方式。在此基础上尽力解决“三北”地区的弃风问题，完善已有的高压输电工程。设定 2015 年起每五年的增长率分别为 12%、9%、7%、6%和 4%。受政府低碳发展政策的影响，弃风问题得到部分解决，有效利用小时数逐年缓步上升，设定 2015 年起每五年的有效利用小时数为 1800 小时、1850 小时、1900 小时、1950 小时和 2000 小时。

强化低碳情景：该情景下平价上网政策将取消执行，标杆电价政策将一直执行到风电发电成本降至与火电相同。该情景下，政府发展风电的决心最为坚决，尽管政府将承受巨大的风电补贴财政负担，但仍将最大限度地保障风电装机容量的扩增。除了加大投入 9 个大型现代风电基地以及配套送出工程的建设力度之外，还将以南方和中东部地区为重点，大力发展分散式风电，积极发展海上风电。设定 2015 年起每五年的增长率分别为 15%、12%、9%、7%和 5%。该情景下弃风、窝风问题基本不再存在，风电企业积极性被调动到最高，全额保障性收购小时数已无法满足企业的发电需求，预计 2040 年全年平均有效利用小时数可达到目前“三北”和东南沿海地区的较高水平（约 2200 小时）。设定 2015 年起每五年的有效利用小时数为 1800 小时、1900 小时、2000 小时、2100 小时和 2200 小时。

各情景下的发展参数汇总见表 4-12。

表 4-12　不同情景下风力发电发展参数设定

参数	发展情景	2016～2020 年	2021～2025 年	2026～2030 年	2031～2035 年	2036～2040 年
装机容量增长率/%	基础发展情景	9	7	5	4	3
	低碳发展情景	12	9	7	6	4
	强化低碳情景	6	12	9	7	5
有效利用小时数/时	基础发展情景	1800	1800	1800	1800	1800
	低碳发展情景	1800	1850	1900	1950	2000
	强化低碳情景	1800	1900	2000	2100	2200

4.4.2　光伏发电

近年来，光伏发电的经济性发生了较大的变化，我国也适时地启动了兆瓦级荒漠光伏发电的并网项目，出台了光伏发电的相关补贴方案。与风电发展类似，光伏发电的标杆电价也经历了一个逐年下调的过程，而且归功于光伏发电成本的迅速下降，其标杆电价下调幅度比风电还要大，已从最开始的 1.15 元/(千瓦 • 时)下降至 2016 年的 0.8～1 元/(千瓦 • 时)，但仍比火电标杆电价高出许多。丰厚的补贴造成了近几年我国光伏项目装机容量的井喷，2010～2015 年间，装机容量年均增速达到惊人的 178%。未来随着标杆电价的进一步下调和光伏平价上网政策的试点执行，光伏发电产业过热的现象应该会较快冷却下来，市场回归理性。

针对未来中国光伏发电的发展规模，不同机构和学者做出过许多预测(表 4-13)。可以发现，因为光伏发电起步较晚，发展时间短，而且短时间内装机容量增长极快，甚至连“十三五”规划的目标都已在 2017 年提前完成，因此不同机构对光伏发电未来的发展预测偏差较大。接下来做预测时，可以将不同预测结果中最积极与最消极的方案作为本章研究预测的上下限参考。

表 4-13　部分机构对中国光伏发电规模的预测

预测机构和学者	发展情景	2030 年	2050 年
中国工程院（2011 年）	常规发展方案	0.5 亿千瓦 700 亿千瓦 • 时	5 亿千瓦 7 000 亿千瓦 • 时
	中间发展方案	1 亿千瓦 1 400 亿千瓦 • 时	8 亿千瓦 11 200 亿千瓦 • 时
	积极推进方案	2 亿千瓦 2 800 亿千瓦 • 时	10 亿千瓦 14 000 亿千瓦 • 时

续表

预测机构和学者	发展情景	2030 年	2050 年
陈俊武院士（2012 年）	—	8.72 亿千瓦 12 430 亿千瓦・时	31.55 亿千瓦 45 720 亿千瓦・时
国际可再生能源机构（2014 年）	参考情景	1.39 亿千瓦 1 970 亿千瓦・时	—
	路线图情景	3.08 亿千瓦 4 460 亿千瓦・时	—

注：单位亿千瓦和亿千瓦・时对应的参数分别为装机容量和发电量。

不同政策情景下光伏发电的发展参数设计如下。

基础发展情景：此情景下，政府开始限制财政对光伏补贴的投入，光伏发电上网标杆电价在几年内迅速下调，并开始实施光伏平价上网政策，各省份的光伏发电仅有全额保障性收购小时数能够得到保障，弃光问题得到部分解决，因此发电企业的积极性会受到一定影响，此情景下装机容量增速最为缓慢。设定 2015 年起每五年的增长率分别为 35%、20%、8%、5%和 3%。每年的光伏的有效利用小时数与全额保障性收购的最低小时数一致，约 1300 小时。

低碳发展情景：此情景下，光伏发电上网标杆电价下调较缓慢，光伏基地建设得到了较为有序的推进，就地消纳利用和集中送出通道建设取得了一定的进展。建设分布式光伏发电应用示范区，稳步实施太阳能热发电示范工程。鼓励大型公共建筑及公用设施、工业园区等建设屋顶分布式光伏发电。加强太阳能发电并网服务，尤其是分布式发电系统的并网服务。在此情景下仍然会存在部分政府补贴缺口的问题，会限制后续的快速发展。设定 2015 年起每五年的增长率分别为 40%、22%、10%、6%和 4%。受政府低碳发展政策的影响，弃光问题得到部分解决，有效利用小时数逐年缓步上升，设定 2015 年起每五年的有效利用小时数为 1300 小时、1325 小时、1350 小时、1375 小时和 1400 小时。

强化低碳情景：强化低碳情景下会全面推进分布式光伏和大型光伏电站的建设，太阳能热发电示范工程的建设也超出预期，光伏扶贫工程在全国得到推广，光伏上网电价快速下降，政府补贴缺口基本不存在。此情景下，光伏产业发展热度下降较慢，装机容量能够在较长时间内保持相对较高的增速。设定 2015 年起每五年的增长率分别为 45%、25%、12%、8%和 5%。此情景下，弃光问题基本得到解决，年有效利用小时数稳步上升，设定 2015 年起每五年的有效利用小时数为 1300 小时、1350 小时、1400 小时、1450 小时和 1500 小时。

各情景下的发展参数汇总见表 4-14。

表 4-14　不同情景下光伏发电发展参数设定

参数	发展情景	2016～2020 年	2021～2025 年	2026～2030 年	2031～2035 年	2036～2040 年
装机容量增长率/%	基础发展情景	35	20	8	5	3
	低碳发展情景	40	22	10	6	4
	强化低碳情景	45	25	12	8	5
有效利用小时数/时	基础发展情景	1300	1300	1300	1300	1300
	低碳发展情景	1300	1325	1350	1375	1400
	强化低碳情景	1300	1350	1400	1450	1500

4.4.3　生物质发电

我国生物质发电目前处于产业化的起步阶段，现有基础薄弱，也缺乏核心技术，政策环境尚未完善。目前生物质发电执行的价格补贴政策仍是 2010 年国家发展改革委发布的标杆上网电价 0.75 元/（千瓦·时）的政策，虽然近几年标杆电价未有下调，但补贴的大量拖欠已反映出目前的生物质发电政策急需进行调整（国际能源网，2018）。

针对未来中国生物质发电的发展规模，不同机构做出过若干的预测（表 4-15）。对比可以发现，国内机构的预测结果较为保守，国际可再生能源机构的“路线图情景”预测结果则是最积极的。接下来做预测时，可以将不同预测结果中最积极与最消极的方案作为研究预测的上下限参考。

表 4-15　部分机构对中国生物质发电规模的预测

预测机构	发展情景	2030 年	2050 年
国际可再生能源机构（2014 年）	参考情景	0.38 亿千瓦 190 亿千瓦·时	—
	路线图情景	0.65 亿千瓦 358 亿千瓦·时	—
国家可再生能源中心（2014 年）	—	0.53 亿千瓦 2720 亿千瓦·时	0.59 亿千瓦 3680 亿千瓦·时

注：单位亿千瓦和亿千瓦·时对应的参数分别为装机容量和发电量。

不同政策情景下生物质发电的发展参数设计如下。

基础发展情景：此情景下，政府为了弥补补贴缺口，开始下调多年未变的生物质发电标杆电价，生物质发电逐渐在与风电、光伏发电的竞争中被边缘化，装机增速较为缓慢。设定 2015 年起每五年的增长率分别为 15%、8%、6%、4%和

2%，有效利用小时数以表 4-15 中较低的预测水平为参考，设定为 5200 小时，鉴于生物质发电有效利用小时数提升空间不大，因此各年份时间设定一致。

低碳发展情景：此情景下标杆电价下调速度放缓，生物天然气示范和产业化得到一定发展，生物质能供热和生物液体燃料产业化初具规模。设定 2015 年起每五年的增长率分别为 20%、10%、7%、5%和 3%，有效利用小时数以表 4-15 中中等的预测水平为参考，设定为 5500 小时。

强化低碳情景：此情景下，政府全力保证生物质发电的补贴资金到位，着手制定完善的生物质能开发利用规划，积极推动生物质能清洁高效利用，生物质能发电示范工程得到充分推广。此情景以国际可再生能源机构的预测结果作为参考，设定 2015 年起每五年的增长率分别为 25%、12%、8%、6%和 4%，有效利用小时数以表 4-16 中最高的预测水平为参考，设定为 6000 小时。

各情景下的发展参数汇总见表 4-16。

表 4-16　不同情景下生物质发电发展参数设定

参数	发展情景	2016～2020 年	2021～2025 年	2026～2030 年	2031～2035 年	2036～2040 年
装机容量增长率/%	基础发展情景	15	8	6	4	2
	低碳发展情景	20	10	7	5	3
	强化低碳情景	25	12	8	6	4
有效利用小时数/时	基础发展情景	5200	5200	5200	5200	5200
	低碳发展情景	5500	5500	5500	5500	5500
	强化低碳情景	6000	6000	6000	6000	6000

4.4.4　核电

我国目前核电技术已较为成熟，在建机组以第三代核电为主，安全性和可靠性已比世界上绝大多数正在运行的核电站更高（中国能源中长期发展战略研究项目组，2011b）。但在 2011 年日本福岛核电站事故之后，中国也停止了新建核电站项目的审批，并对已有核电项目计划进行审查。受此影响，截至 2014 年底，我国在运核电机组 22 台，总装机容量为 2029 万千瓦，占全国电力总装机容量的仅 1.5%，发电量占全国总发电量的仅 2.4%，而核电发电量占世界的平均水平是 10%（中国经济网，2015）。目前重启核电呼声日益高涨，考虑到核电的高度清洁性和经济性，只要慎重选址，坚持严格的安全标准，大规模发展核电仍然是今后的大势所趋。

针对未来核电的发展规模，不同机构和学者做出过若干的预测（表 4-17）。总体来看，各机构预测的核电装机增速都较快，但最终 2050 年的装机容量相差却不大，这说明目前核电政策的不确定性较小，预测方向较为明确。

表 4-17　部分机构对中国核电规模的预测

预测机构和学者	2030 年	2050 年
中国工程院（2011 年）	2 亿千瓦	4 亿千瓦
陈俊武院士（2012 年）	—	3 亿～4 亿千瓦 2100 亿～2940 亿千瓦·时

注：单位亿千瓦和亿千瓦·时对应的参数分别为装机容量和发电量。

不同政策情景下核电的发展参数设计如下。

基础发展情景：此情景下，短时间内暂缓大规模核电项目上马，新一代核电技术研发进度较为迟缓，同时核燃料供给较为紧张，限制了核电规模扩张。设定 2015 年起每五年的增长率分别为 10%、8%、6%、4%和 2%，有效利用小时数以我国近几年平均有效利用小时数为参考，设定为 6500 小时。

低碳发展情景：此情景下，我国会较为谨慎地开放核电项目审批，同时第四代核电技术“快中子反应堆”按照研发进度在若干年后投入应用，在一定程度上解决了核燃料不足的问题。设定 2015 年起每五年的增长率分别为 15%、12%、9%、6%和 4%，有效利用小时数以表 4-18 中中等的预测水平为参考，设定为 6750 小时。

强化低碳情景：此情景下，我国的第四代核电技术“快中子反应堆”较快地完成实验并投入应用，核燃料不再成为核电发展规模的掣肘。设定 2015 年起每五年的增长率分别为 20%、16%、12%、8%和 5%，有效利用小时数以表 4-18 中最高的预测水平为参考，设定为 7000 小时。

各情景下的发展参数汇总见表 4-18。

表 4-18　不同情景下核电发展参数设定

参数	发展情景	2016～2020 年	2021～2025 年	2026～2030 年	2031～2035 年	2036～2040 年
装机容量增长率/%	基础发展情景	10	8	6	4	2
	低碳发展情景	15	12	9	6	4
	强化低碳情景	20	16	12	8	5
有效利用小时数/时	基础发展情景	6500	6500	6500	6500	6500
	低碳发展情景	6750	6750	6750	6750	6750
	强化低碳情景	7000	7000	7000	7000	7000

4.4.5　水电

我国水电主要集中在经济发展相对滞后的西部地区，西南、西北 11 个省区市的水电资源约占全国水电资源量的 78%（中国产业信息网，2016），但同时这些地区也是经济较不发达的省份，自身难以消化如此大的发电量，因而西南地区“弃水”的现象日益严重。相反，缺少电力资源的沿海地区由于经济高速增长，因而对电力的需求缺口较大，因此加快建设水电外送通道，助力西南地区水电的“西电东送”已刻不容缓。

针对未来水电发展规模，不同机构和学者做出过若干的预测（表 4-19）。可以看到，由于水电开发的潜能所剩不多，加上目前水电建设与生态环境保护之间的冲突越来越具有争议性，因此各机构和学者对未来我国水电的发展均持较为谨慎的态度。

表 4-19　部分机构和学者对中国水电规模的预测

预测机构和学者	发展情景	2030 年	2050 年
中国工程院（2011 年）	常规发展方案	3.1 亿千瓦	3.4 亿千瓦
	中间发展方案	3.37 亿千瓦	4.1 亿千瓦
	积极推进方案	3.6 亿千瓦	4.3 亿千瓦
陈俊武院士（2012 年）	—	—	4 亿～4.5 亿千瓦
国际可再生能源机构（2014 年）	参考情景	4 亿千瓦 16 000 亿千瓦·时	—
	路线图情景	4 亿千瓦 16 000 亿千瓦·时	—

注：单位亿千瓦和亿千瓦·时对应的参数分别为装机容量和发电量。

不同政策情景下水电的发展参数设计如下。

基础发展情景：对存在争议的河流均不予开发，由于水电未来开发潜能有限，因此我们在 2015 年前五年的平均增长率基础上稍微调低预期，设定 2015 年起每五年的增长率分别为 2%、1.5%、1%、0.5%和 0%。有效利用小时数以全国近几年平均利用小时数为参考（中国能源中长期发展战略研究项目组，2011a），设定为 3500 小时。

低碳发展情景：以西南地区金沙江、雅砻江、大渡河、澜沧江等河流为重点，稳妥地推进大型水电基地建设，但对存有争议的部分河流不予开发。因地制宜发展中小型电站，开展适度规模的抽水蓄能电站规划和建设，加强水资源综合利用。设定 2015 年起每五年的增长率分别为 3%、2%、1.5%、0.7%和 0%，有效利用小时数以表 4-19 中中等的预测水平为参考，设定为 3800 小时。

强化低碳情景：此情景下会全面推进大中小型水电基地建设，积极协调存有争议的流域开发计划，积极转变观念优化控制中小流域开发，因地制宜地寻求弃水严重的省份解决方案，积极上马抽水蓄能项目。但由于水电开发潜能有限，因此在之前两个情景的基础上不会提高太多。设定 2015 年起每五年的增长率分别为 4%、3%、2%、1%和 0.5%，有效利用小时数以表 4-19 中最高的预测水平为参考，设定为 4000 小时。

各情景下的发展参数汇总见表 4-20。

表 4-20　不同情景下水电发展参数设定

参数	发展情景	2016～2020 年	2021～2025 年	2026～2030 年	2031～2035 年	2036～2040 年
装机容量增长率/%	基础发展情景	2	1.5	1	0.5	0
	低碳发展情景	3	2	1.5	0.7	0
	强化低碳情景	4	3	2	1	0.5
有效利用小时数/时	基础发展情景	3500	3500	3500	3500	3500
	低碳发展情景	3800	3800	3800	3800	3800
	强化低碳情景	4000	4000	4000	4000	4000

4.4.6　火电

随着我国经济进入新常态，产业结构调整，高能耗、高污染的产业面临转型升级，火电作为传统高能耗产业，影响社会经济的可持续发展，也将面临向清洁、高效的方向转型升级。但削减火电规模也不能盲目地一刀切，因为光伏发电、风电等新能源电力存在不稳定的缺陷，大规模并网后容易影响电网的稳定性和可靠性，此时又需要火电来维持电网的稳定运行。所以政策不同，对火电规模和结构进行调整的方案也不同。

针对未来火电发展规模，一些机构和学者做出过若干的预测（表 4-21）。

表 4-21　部分机构和学者对中国火电规模的预测

预测机构和学者	发展情景	2030 年	2050 年
中国工程院（2011 年）	常规发展方案	3.1 亿千瓦	3.4 亿千瓦
	中间发展方案	3.37 亿千瓦	4.1 亿千瓦
	积极推进方案	3.6 亿千瓦	4.3 亿千瓦
陈俊武院士（2012 年）	—	—	4 亿～4.5 亿千瓦

不同政策情景下火电的发展参数设计如下。

基础发展情景：此情景下，未来较长一段时间内将仍依赖火电作为电力供应的绝对主力，总装机容量增长一段时间后达到峰值，然后逐渐减少，但由于火电优秀的调峰能力，在最后仍会保有一定量的火电装机。设定2015年起每五年的增长率分别为4%、3%、2%、1%和–1%，有效利用小时数以近几年我国火电有效利用小时数的最高水平为参考，设定为5000小时。

低碳发展情景：此情景下，火电受到来自电力市场的清洁能源的冲击进一步加大，政府开始引导对火电机组进行灵活性改造，提高火电机组对清洁能源的调峰能力。火电装机容量预计会比“基础发展情景”更快地达到峰值。设定2015年起每五年的增长率分别为3%、2%、1%、–1%和–3%，有效利用小时数以基础发展情景和强化低碳情景的平均值作为参考，设定为4600小时。

强化低碳情景：此情景下火电在电力市场会受到更大的来自清洁能源的竞争压力，同时政策上进一步收紧。火电机组自身需要大力发展热电联产、超低排放改造、节能改造等方式，保留大规模且高效的机组。预计装机容量将在短期内达峰后迅速下降。鉴于其调峰能力，在最后仍会保有一定量的火电装机，但比前两种情景中最后的装机容量要少。设定2015年起每五年的增长率分别为2%、1%、–1%、–3%和–4%，有效利用小时数以近几年我国火电有效利用小时数的平均水平为参考，设定为4200小时。

各情景下的发展参数汇总见表4-22。

表 4-22 不同情景下火电发展参数设定

参数	发展情景	2016～2020年	2021～2025年	2026～2030年	2031～2035年	2036～2040年
装机容量增长率/%	基础发展情景	4	3	2	–1	–1
	低碳发展情景	3	2	1	–1	–3
	强化低碳情景	2	1	–1	–3	–4
有效利用小时数/时	基础发展情景	5000	5000	5000	5000	5000
	低碳发展情景	4600	4600	4600	4600	4600
	强化低碳情景	4200	4200	4200	4200	4200

按照以上的情景参数设定，得到各个政策方案下的电力规划，如表4-23所示。

表 4-23 不同情景下各类电源装机容量、有效利用小时数

情景	能源类型	装机容量/亿千瓦				有效利用小时数/时			
		2025年	2030年	2035年	2040年	2025年	2030年	2035年	2040年
基础发展情景	风电	2.69	3.40	4.10	4.75	1800	1800	1800	1800
	光伏发电	3.85	5.51	6.89	7.99	1300	1300	1300	1300
	生物质发电	0.28	0.37	0.44	0.49	5200	5200	5200	5200
	核电	0.59	0.78	0.93	1.03	6500	6500	6500	6500
	水电	3.76	3.93	4.01	4.01	3500	3500	3500	3500
	火电	13.56	13.9	13.15	11.89	5000	5000	5000	5000

续表

情景	能源类型	装机容量/亿千瓦				有效利用小时数/时			
		2025 年	2030 年	2035 年	2040 年	2025 年	2030 年	2035 年	2040 年
低碳发展情景	风电	3.35	4.66	6.11	7.44	1850	1900	1950	2000
	光伏发电	4.93	7.65	10.05	12.23	1325	1350	1375	1400
	生物质发电	0.37	0.51	0.63	0.74	5500	5500	5500	5500
	核电	0.88	1.31	1.72	2.09	6750	6750	6750	6750
	水电	4.03	4.31	4.43	4.43	3800	3800	3800	3800
	火电	11.37	10.71	9.48	7.73	4600	4600	4600	4600
强化低碳情景	风电	4.35	6.56	9.03	11.53	1900	2000	2100	2200
	光伏发电	6.52	11.09	15.84	20.21	1350	1400	1450	1500
	生物质发电	0.48	0.69	0.91	1.10	6000	6000	6000	6000
	核电	1.27	2.16	3.09	3.94	7000	7000	7000	7000
	水电	4.42	4.83	5.05	5.18	4000	4000	4000	4000
	火电	9.60	8.50	6.79	4.98	4200	4200	4200	4200

完成装机容量设定的能源转化模块界面如图 4-6 所示。

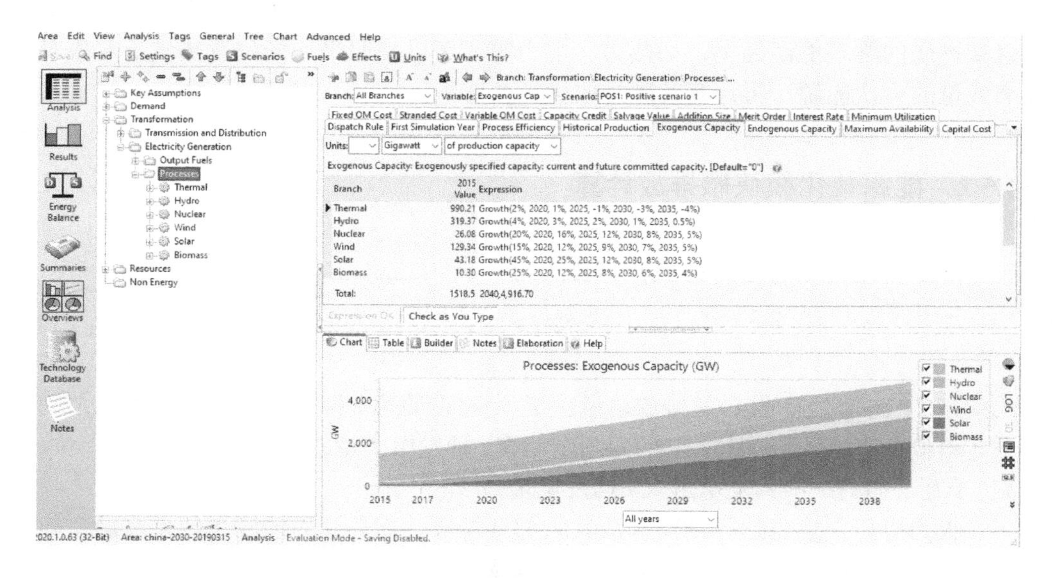

图 4-6　LEAP 模型能源转化模块界面

4.5　环境影响评价模块

环境影响评价模块主要关注 CO_2 的排放量，CO_2 排放源头主要是终端能源消费系统和能源加工转化系统中的化石能源氧化作用。参照前面文献综述中的论述，本模块将用全生命周期 CO_2 排放因子来替换能源转化过程中各种发电技术的 CO_2 排放因子，这样可以将新能源技术在制造、运输、安装、运行和报废过程中的 CO_2 排放都计算进来，避免少算一部分的碳排放，从而更客观地评价新能源技术的减排效果和贡献。

4.5.1 终端需求模块碳排放计算

终端需求模块的 CO_2 排放计算原理是以各具体的能源品种（如焦炭、无烟煤、煤油、汽油等）的消费量和排放系数相乘并求和，得到最终的 CO_2 排放总量，具体公式为

$$\mathrm{CD} = \sum_{i=1}^{n} D_i \times f_i \tag{4-5}$$

式中，CD 为终端需求模块 CO_2 排放总量；D_i 为第 i 种能源品种的消费量；f_i 为第 i 种能源品种的碳排放系数。

主要化石能源的碳排放系数参照 2.2.1 节中表 2-1 中的系数。对于一些不涉及直接燃烧的终端能源品类，如热力、电力等，可以按照平均低位发热量折算成对应数量的一次能源，再计算其碳排放量。

4.5.2 能源转化模块碳排放计算

能源转化模块的 CO_2 排放计算公式为

$$\mathrm{CT} = \sum_{i=1}^{n} (f_{ic} + f_{ig}) P_i \tag{4-6}$$

式中，CT 为电力行业 CO_2 排放总量；f_{ic} 为建设期第 i 种发电类型的 CO_2 排放因子［单位：克/(千瓦 • 时)］；f_{ig} 为发电期第 i 种发电类型的 CO_2 排放因子［单位：克/(千瓦 • 时)］；P_i 为发电形式 i 的发电量。

火力电厂在发电运行期间释放其大部分排放，而非化石能源主要是在施工建设和退役处理时产生排放。计算一项发电技术在项目进行的所有阶段（建设、运营和退役）的排放量的方法被称为生命周期分析方法。世界核能协会（World Nuclear Association）在 2017 年发布了一份关于各类发电技术全生命周期碳排放因子比较的报告，其中对 1997 年以来各类组织机构的 21 份报告进行了汇总分析，得到了各类发电技术的全生命周期碳排放因子（表 4-24）。可以看到，传统意义上被认为是“零排放”的非化石能源在计算了全生命周期碳排放之后也显得不那么“绿色”了，但还是远远低于化石能源发电的碳排放。

表 4-24 不同发电技术的全生命周期碳排放因子

发电技术	中值/(吨 CO_2/(10^6 千瓦·时))	低位/(吨 CO_2/(10^6 千瓦·时))	高位/(吨 CO_2/(10^6 千瓦·时))
煤炭发电	888	756	1310
石油发电	733	547	935
天然气发电	499	362	891
风电	26	6	124
光伏发电	85	13	731
生物质发电	45	10	101
水电	26	2	237
核电	29	2	130

资料来源：世界核能协会发布的发电技术碳排放因子报告。

本章以表 4-24 中的“中值”作为这几种发电类型的碳排放系数参与计算，与对应年份的发电量预测值相乘再求和，即可得到对应年份的各类发电技术的全生命周期碳排放量。

4.6 模拟结果分析

4.6.1 能源需求预测结果

按照国家统计局官网上的解释，能源消费总量是通过能源综合平衡统计核算，即编制能源平衡表的方法取得的。在核算过程中，一次能源、二次能源消费不能重复计算。能源消费总量分为终端能源消费量、能源加工转换消费量和能源损失量三部分。计算公式为

$$能源消费总量=终端能源消费量+能源加工转换消费量+能源损失量 \quad (4\text{-}7)$$

考虑到“能源损失量”的预测较难以在本章研究中实现，而且仅占能源消费总量的极小比例，因此本章适当简化，暂不考虑“能源损失量”所引起的变化。以上公式则改写为

$$能源需求总量=终端能源消费量+能源加工转换消费量 \quad (4\text{-}8)$$

1. 终端能源消费量

基于 4.3 节的终端需求模块的设定，在 LEAP 模型运算软件中进行汇总及

计算，以 2015 年为基准年，对中国到 2040 年间的能源消费量进行预测，得到的结果如图 4-7 所示。预测结果显示，终端能源需求从 2016 年的 34.90 亿吨标准煤持续上升，到 2030 年达到 42.94 亿吨标准煤的峰值，然后逐渐下降至 2040 年的 38.64 亿吨标准煤。

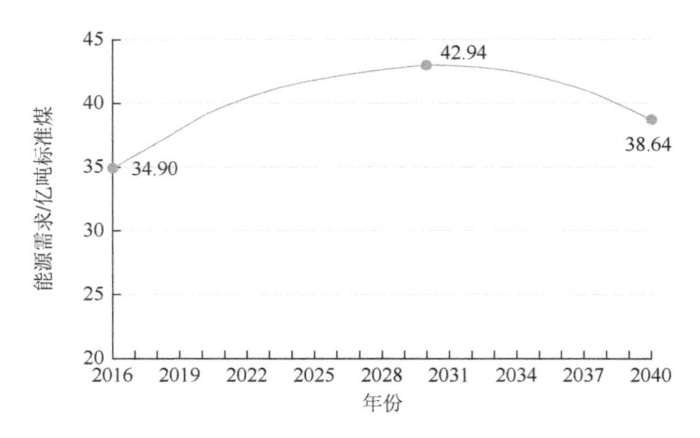

图 4-7　2016～2040 年中国终端能源需求预测

分行业部门终端能源需求预测如图 4-8 所示。总体来看，居民生活部门和交通运输部门能源需求都有不同程度的增加，农林牧渔部门、商住部门和其他行业部门能源需求增加缓慢，工业部门能源需求则有明显的下降。

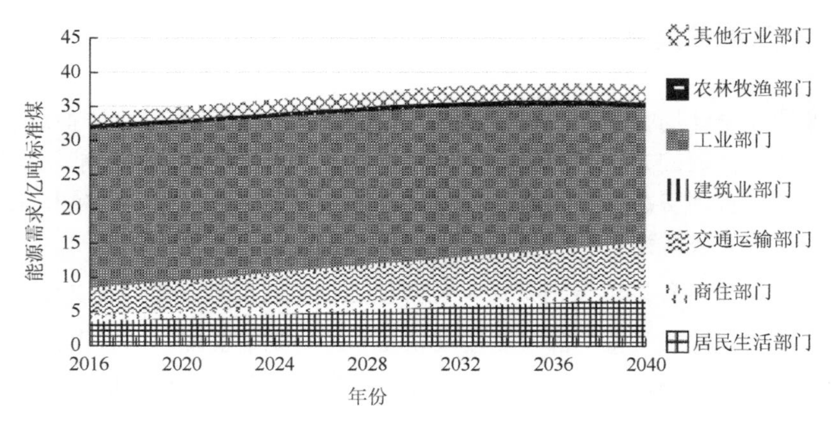

图 4-8　2016～2040 年中国分行业部门终端能源需求预测

具体而言，居民生活部门能源需求持续上升，从 2016 年的 3.63 亿吨标准煤上升至 2040 年的 6.85 亿吨标准煤，在终端能源需求中的占比从 10.68%上升到 17.91%。

商住部门能源需求持续上升，从 2016 年的 0.86 亿吨标准煤上升至 2040 年的

1.79 亿吨标准煤，在终端能源需求中的占比从 2.51%上升到 4.68%。

交通运输部门能源需求从 2016 年的 3.65 亿吨标准煤上升至 2040 年的 6.05 亿吨标准煤，在终端能源需求中的占比从 10.72%上升到 15.83%。

建筑业部门能源需求从 2016 年的 0.34 亿吨标准煤上升至 2040 年的 0.49 亿吨标准煤，在终端能源需求中的占比从 1%上升到 1.27%。

工业部门能源需求持续下降，从 2016 年的 23.30 亿吨标准煤降低到 2040 年的 19.70 亿吨标准煤，在终端能源需求中的占比从 68.48%下降到 51.53%。

农林牧渔部门能源需求从 2016 年的 0.66 亿吨标准煤上升至 2033 年的峰值 0.79 亿吨标准煤，再逐渐下降至 2040 年的 0.74 亿吨标准煤，在终端能源需求中的占比从 1.93%上升到 2.05%。

其他行业部门能源需求从 2016 年的 1.59 亿吨标准煤上升至 2040 年的 2.58 亿吨标准煤，在终端能源需求中的占比从 4.68%上升到 6.73%。

可以看到，除了工业部门能源需求占比下降之外，其他部门的需求占比都有了不同程度的提升。

分能源品类终端需求预测如图 4-9 所示。终端需求中煤炭、焦炭需求量明显下降，汽油、天然气、电力和热力需求则各有上升。终端能源利用结构逐渐从以煤炭、焦炭为主向以油品、电力为主的利用结构转变。

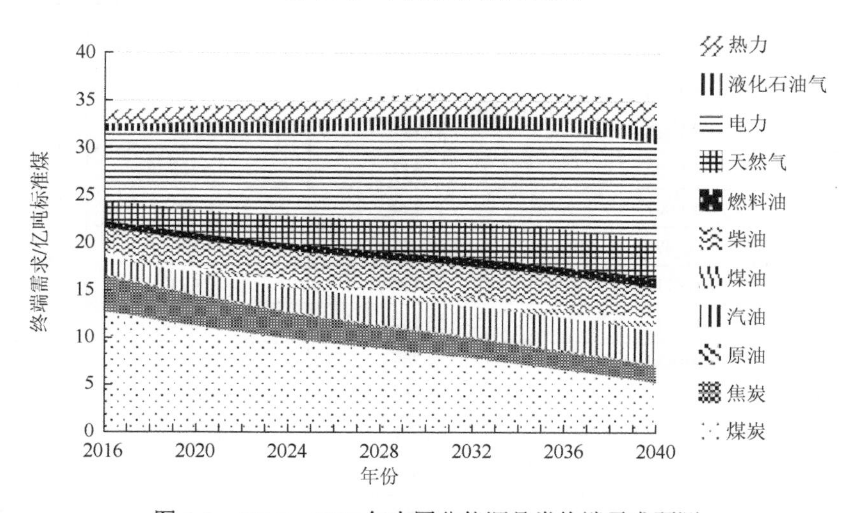

图 4-9　2016～2040 年中国分能源品类终端需求预测

例如，煤炭终端需求从 2016 年的 12.72 亿吨标准煤下降到 2040 年的 6.26 亿吨标准煤，占比从 38.78%下降到 15%。

焦炭终端需求从 2016 年的 4.13 亿吨标准煤下降到 2040 年的 3.61 亿吨标准煤。

汽油终端需求从 2016 年的 1.75 亿吨标准煤上升到 2040 年的 2.74 亿吨标准煤。

柴油终端需求从2016年的2.59亿吨标准煤上升到2040年的2.98亿吨标准煤。

天然气终端需求从2016年的2.21亿吨标准煤上升到2040年的4.16亿吨标准煤。

电力终端需求从2016年的7.31亿吨标准煤上升到2040年的12.21亿吨标准煤，占比从21.09%上升到29.14%。

2. 能源加工转换消费量

鉴于炼焦、洗选煤等中间加工转换投入能源量与火力发电投入能源量相比较小，同时缺乏相应的转换效率数据，因此本章在中间加工转换过程中只考虑火力发电和供热的能源投入量。

1）火力发电的能源需求

火力发电的能源投入需要在火力发电量的基础上进行换算。由《中国能源统计年鉴》可以得到火力发电的能源投入，按照火力发电标准煤耗（0.1229 千克标准煤/(千瓦·时)）计算得到理论发电量和实际发电量的比较，便可计算得到各年的平均火力发电效率（表 4-25）。

表 4-25　2000～2015 年平均火力发电效率计算

年份	火力发电能源投入/万吨标准煤	理论发电量/(亿千瓦·时)	实际发电量/(亿千瓦·时)	火力发电效率/%
2000	39 970	32 522	11 165	34.33
2001	42 021	34 191	11 768	34.42
2002	47 122	38 342	13 522	35.27
2003	54 961	44 720	15 804	35.34
2004	61 370	49 935	18 104	36.26
2005	69 712	56 722	20 473	36.09
2006	80 013	65 104	23 742	36.47
2007	89 581	72 889	27 229	37.36
2008	89 931	73 174	27 072	37.00
2009	93 448	76 036	30 117	39.61
2010	100 521	81 791	33 319	40.74
2011	114 242	92 955	38 337	41.24
2012	113 997	92 756	38 928	41.97
2013	123 111	100 172	42 153	42.08
2014	121 918	99 201	43 616	43.97
2015	119 741	97 430	42 421	43.54

资料来源：《中国能源统计年鉴 2001～2016》。

运用统计软件测算发现，2008 年之后的火力发电效率基本符合对数增长曲线模型。这与实际情况也是符合的，因为发电的热效率可以看作在越接近 100%时提高越困难，类似“S”形增长曲线的后半段，而这样的增长模式一般会用对数模型来进行模拟。因此我们以 2008 年之后的历史数据进行回归分析，得到 2020 年、2030 年和 2040 年的火力发电效率分别为 45.14%、46.92%和 48.05%。回归结果满足相应的统计检验。

得到火力发电效率的预测值后，火力发电的能源投入可以依照以下公式计算得到：

火力发电能源投入 = 火力发电量×火力发电折标煤系数/火力发电效率　(4-9)

由于能源转化模块中设置了三个情景，因此火力发电量也有三种不同的预测值，最终的火力发电能源需求和总能源需求也有三个结果，如图 4-10 所示。在基础发展情景、低碳发展情景和强化低碳情景下，火力发电能源投入分别在 2029 年、2024 年和 2019 年达到 18.54 亿吨标准煤、14.12 亿吨标准煤和 11.85 亿吨标准煤的峰值后逐渐下降。

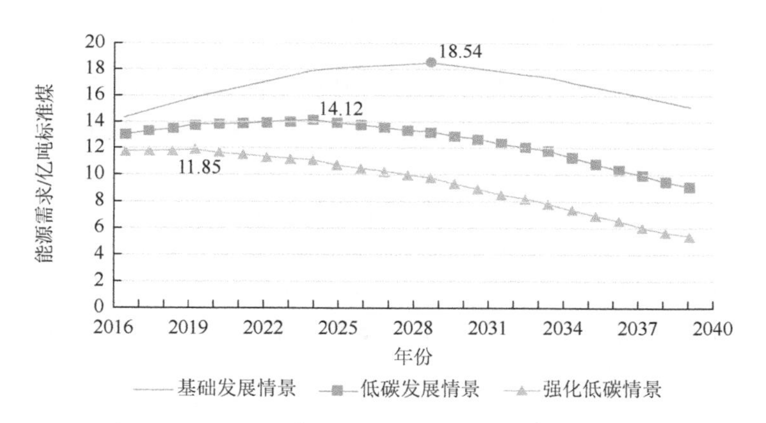

图 4-10　2016～2040 年中国火力发电能源需求预测

2）供热的能源需求

用同样的方法可求得供热的实际能源需求。从各年度能源平衡表中获取实际热力生产量和供热煤耗，求得各年的平均供热效率（表 4-26）。

表 4-26　2000～2015 年平均供热效率计算

年份	实际热力生产量/万吨标准煤	供热煤耗/万吨标准煤	平均供热效率/%
2000	4 983.24	6 128.05	81.32
2001	5 224.24	6 325.25	82.59
2002	5 598.91	6 426.78	87.12

续表

年份	实际热力生产量/万吨标准煤	供热煤耗/万吨标准煤	平均供热效率/%
2003	6 045.93	7 533.61	80.25
2004	6 567.20	8 106.43	81.01
2005	7 805.31	9 576.84	81.50
2006	8 416.29	10 244.80	82.15
2007	8 818.35	10 731.24	82.17
2008	8 789.72	10 890.44	80.71
2009	9 096.10	11 086.75	82.04
2010	10 155.18	12 392.06	81.95
2011	10 835.58	13 277.69	81.61
2012	11 583.25	14 195.50	81.60
2013	12 348.04	14 537.24	84.94
2014	12 761.92	14 342.83	88.98
2015	13 606.91	15 420.58	88.24

资料来源：《中国能源统计年鉴 2001～2016》。

供热效率的增长趋势没有明显的规律，使用多种拟合曲线去模拟效果也不好，因此采用最基本的线性预测模型对供热效率进行预测，得到 2020 年、2030 年和 2040 年的供热效率分别为 86.23%、88.83%和 91.43%。

得到火力供热效率的预测值后，供热的能源投入可以依照以下公式计算得到：

$$供热能源投入=供热预测量/供热效率 \tag{4-10}$$

供热预测量从终端需求模块可以获得，最终得到 2016～2040 年中国供热能源需求预测如图 4-11 所示，在预测年份内需求持续上升，达到 2040 年的最高需求值 2.19 亿吨标准煤。

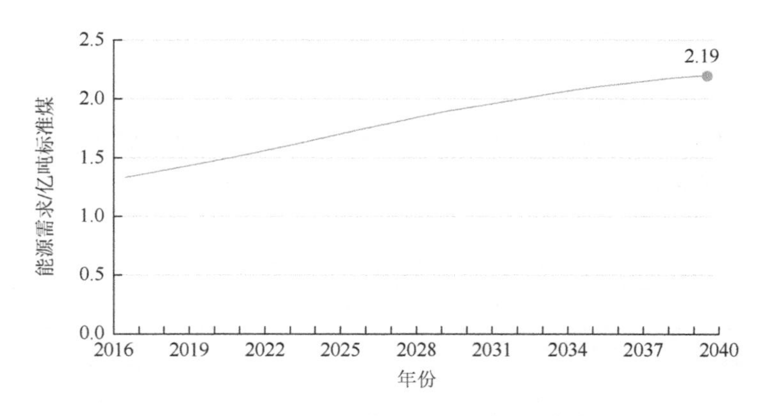

图 4-11　2016～2040 年中国供热能源需求预测

3）能源加工转换损失量

能源加工转换损失量为火力发电能源需求与供热能源需求之和，将前两部分得到的预测值加总即可，结果如图 4-12 所示。在基础发展情景、低碳发展情景和强化低碳情景下，能源加工转换损失量分别在 2029 年、2024 年和 2019 年达到 20.42 亿吨标准煤、15.79 亿吨标准煤和 13.30 亿吨标准煤的峰值后逐渐下降。

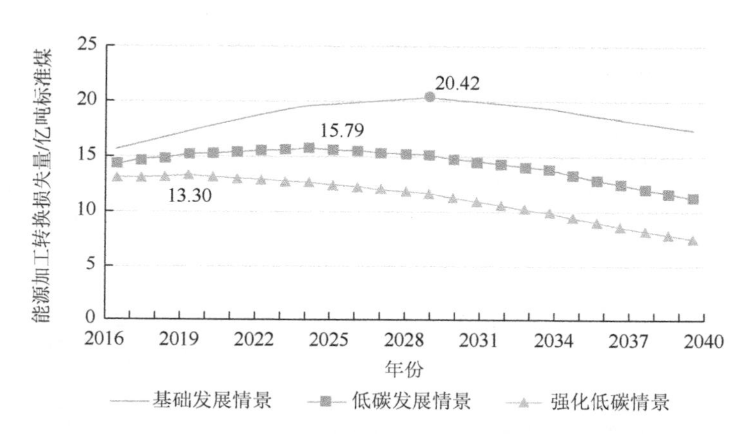

图 4-12　2016～2040 年中国能源加工转换损失量预测

3. 总能源需求

将前两部分得到的“终端能源消费量”与“能源加工转换消费量”预测值相加，即可得到总能源需求（图 4-13）。

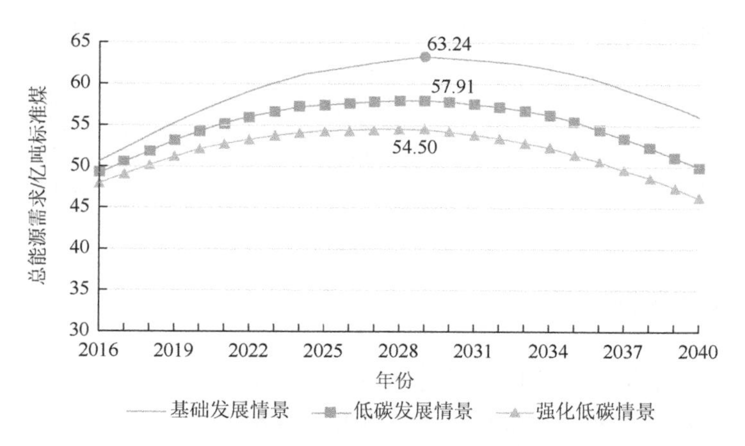

图 4-13　2016～2040 年中国总能源需求预测

在基础发展情景、低碳发展情景和强化低碳情景下，总能源需求分别在

2029 年、2029 年和 2028 年达到 63.24 亿吨标准煤、57.91 亿吨标准煤和 54.50 亿吨标准煤的峰值，然后逐渐下降。将关键节点年份的预测值与国内外研究机构与学者对中国能源需求的预测进行比较，发现本章研究预测结果略高于樊杰和李平星（2011）的预测结果，低于 EIA（2014）和沈镭等（2015）的预测结果，与 BP（2019）和姜克隽等（2009）的预测结果近似（表 4-27）。

表 4-27 国内外研究机构与学者对中国能源需求的预测比较 （单位：亿吨标准煤）

预测机构和学者	模型	情景	2030 年	2040 年	2050 年
樊杰和李平星（2011）	以生产、生活两大分类为主体的中国未来能源消费预测模型	—	53.24	—	63.42
EIA（2014）	世界能源预测模型	高增长情景	84.71	109.8	—
		低增长情景	65.56	64.76	—
		高油价情景	78.73	101.71	—
		低油价情景	74.55	77.73	—
		参照情景	71.61	79.17	—
沈镭等（2015）	假定某一时期一国经济发展达到一定水平需相似的人均累计能耗，且人均累计能耗与经济发展水平相似的国家，人均能耗增速变化规律趋同	基准情景	89.25	113.71	134.63
		日本情景	57.73	70.63	84.95
		韩国情景	83.03	101.23	121.33
BP（2019）	—	—	63.69	—	—
姜克隽等（2009）	中国政策综合评价模型	基准情景	56.57	62.02	66.57
		低碳情景	44.74	48.33	52.5
		强化低碳情景	42.75	46.6	50.14
本章研究	LEAP 模型	基础发展情景	63.16	56.04	—
		低碳发展情景	57.76	49.93	—
		强化低碳情景	54.22	46.19	—

4.6.2 发电端预测结果

装机容量与有效利用小时数设定之后，二者相乘便得到了对应年份的最大理论发电量。三种方案各个年份的具体预测值见附表 7。

三种方案下的发电端结构呈现出以下特点。

（1）基础发展情景、低碳发展情景和强化低碳情景下，我国 2030 年的总发电装机容量为 28.51 亿千瓦、29.35 亿千瓦和 33.84 亿千瓦，分别是 2015 年总装机容量

15.18 亿千瓦的 1.88 倍、1.93 倍和 2.23 倍；2040 年的总发电装机容量为 29.88 亿千瓦、35.31 亿千瓦和 46.95 亿千瓦，分别是 2015 年总装机容量 15.18 亿千瓦的 1.97 倍、2.33 倍和 3.09 倍。

（2）在基础发展情景下，2040 年风电、光伏发电、生物质发电装机容量分别达到 4.75 亿千瓦、7.99 亿千瓦和 0.49 亿千瓦，而强化低碳情景下，风电、光伏发电、生物质发电装机容量分别达到 11.53 亿千瓦、20.21 亿千瓦和 1.1 亿千瓦，比基础发展情景分别高出了 143%、153%和 124%，与之对应的 2030 年这个高出的比例则为 96%、101%、86%。可以看出无论前期还是后期，光伏发电的发展速度都是其中最快的。

（3）水电在基础发展情景、低碳发展情景和强化低碳情景下的 2030 年装机容量分别为 3.93 亿千瓦、4.31 亿千瓦和 4.83 亿千瓦，分别比 2015 年装机容量提升了 23.2%、35.11%和 51.41%。火力发电在基础发展情景、低碳发展情景和强化低碳情景下的 2030 年装机容量分别为 14.52 亿千瓦、10.92 亿千瓦和 8.5 亿千瓦，与 2015 年装机容量相比分别提升了 46.67%、10.3%以及降低了 16.47%，体现出了强减排政策作用下火电的逐步退出效果显著。具体的增长情况比较见图 4-14～图 4-19。

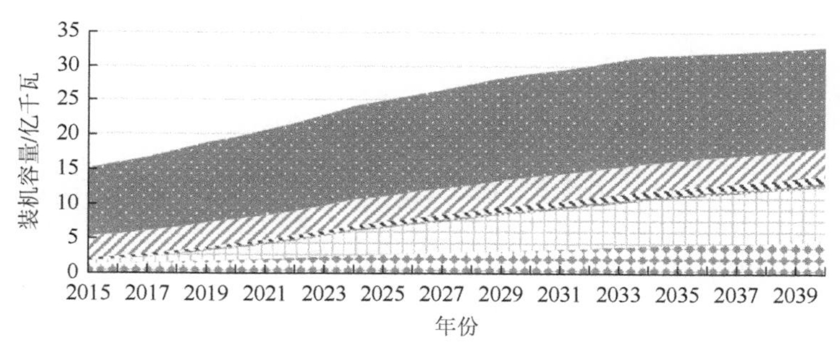

图 4-14　基础发展情景下主要发电技术装机容量预测

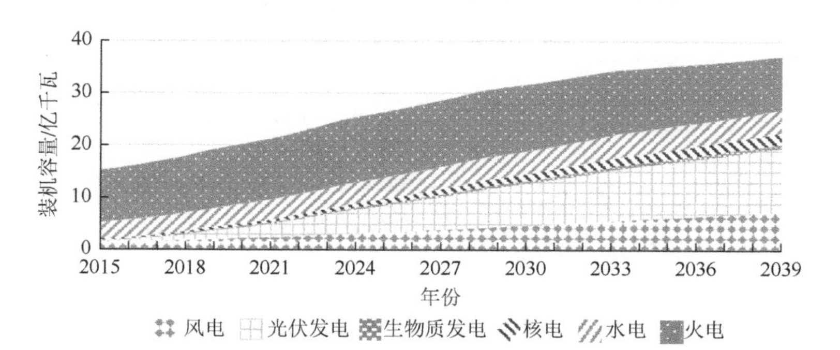

图 4-15　低碳发展情景下主要发电技术装机容量预测

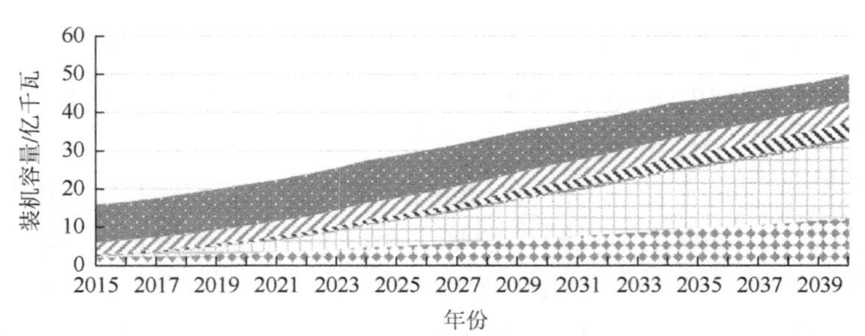

图 4-16　强化低碳情景下主要发电技术装机容量预测

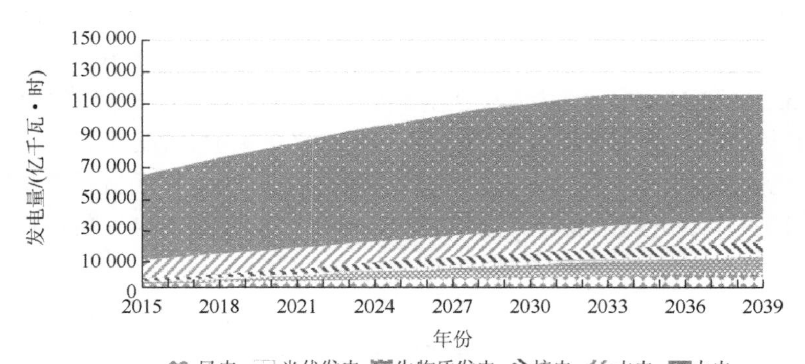

图 4-17　基础发展情景下主要发电技术发电量预测

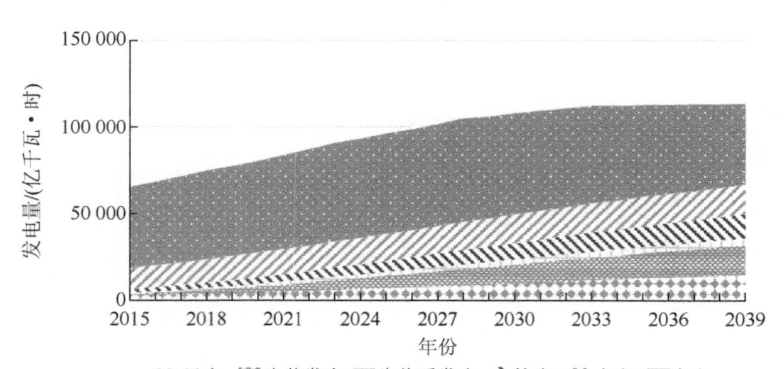

图 4-18　低碳发展情景下主要发电技术发电量预测

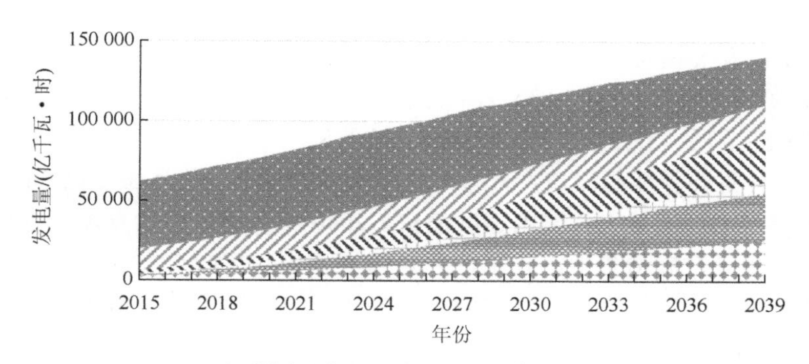

图 4-19　强化低碳情景下主要发电技术发电量预测

由最终预测规模可以计算得到各方案下 2020 年、2030 年、2040 年新能源装机比重和发电量比重（表 4-28）。

表 4-28　各情景下 2020 年、2030 年、2040 年新能源装机比重和发电量比重

年份	参数	基础发展情景	低碳发展情景	强化低碳情景
2020 年	装机比重	21.71%	25.33%	29.32%
	发电量比重	11.61%	14.94%	19.09%
2030 年	装机比重	35.96%	48.48%	60.59%
	发电量比重	19.51%	31.96%	46.55%
2040 年	装机比重	47.26%	64.91%	78.36%
	发电量比重	27.69%	48.92%	68.34%

4.7　本 章 小 结

本章在前面章节提供的发展历史与现状数据的基础上，构建了包括终端需求模块、能源转化模块、环境影响评价模块的 LEAP 模型。其中终端需求模块包括居民生活部门、商住部门、交通运输部门、建筑业部门、工业部门、农林牧渔部门和其他行业部门 7 个子部门的终端需求；能源转化模块主要包括风电、光伏发电、生物质发电、火电、水电与核电等的转化；环境影响评价模块主要关注终端需求模块和能源转化模块中的化石能源氧化作用带来的 CO_2 排放。最终主要的模拟结果如下。

（1）在基础发展情景、低碳发展情景和强化低碳情景下，总能源需求分别在 2029 年、2029 年和 2028 年达到 63.24 亿吨标准煤、57.91 亿吨标准煤和 54.50 亿吨标准煤的峰值后逐渐下降。

（2）基础发展情景、低碳发展情景和强化低碳情景下，我国2030年的总发电装机容量为28.51亿千瓦、29.35亿千瓦和33.84亿千瓦；2040年的总发电装机容量为29.88亿千瓦、35.31亿千瓦和46.95亿千瓦。

（3）三种主要新能源发电，无论在基础发展情景下，还是在强化低碳情景下，都是光伏发电的规模最大，发展速度最快。2040年风电、光伏发电、生物质发电装机容量在基础发展情景下，分别达到4.75亿千瓦、7.99亿千瓦和0.49亿千瓦，而强化低碳情景下，风电、光伏发电、生物质发电装机容量分别达到11.53亿千瓦、20.21亿千瓦和1.1亿千瓦。

第 5 章　主要新能源发电替代减排贡献分析

第 4 章基于 LEAP 模型对中国 2016～2040 年的能源需求、新能源发展规模进行了情景分析及规模预测，得出的结果对我国未来中长期的能源规划具有一定的参考意义。作为能源消费和碳排放大国，我国未来的能源发展和规划除了需要满足国内能源结构转型和低碳发展模式的需求之外，还需要为应对全球气候变化做出贡献。本章将在前文预测结果的基础上对新能源替代减排的贡献进行评估。

5.1　碳排放计算

能源消费碳排放总量可看作终端能源需求碳排放与中间加工转换碳排放之和。终端需求的各个品类能源的预测值从前文中可以得到，结合前文对终端需求模块碳排放的计算方法，将各品类能源的需求量先按照折标煤系数反向推算出各自的实物需求量，接着再与对应品种能源的碳排放系数相乘即可得出终端碳排放量，各品类能源的具体排放系数参见表 5-1；中间加工转换碳排放量主要涉及电力与热力生产的排放量，分别按照电热当量法转化为相应的煤炭需求量，进而求得该部分的碳排放量。

表 5-1　不同品种能源的发热量、折标煤系数和碳排放系数

能源名称	平均低位发热量	折标煤系数	单位热值含碳量/（吨碳/太焦）	碳氧化率	二氧化碳排放系数
原煤	20 908 千焦/千克	0.714 3 千克标准煤/千克	26.37	0.94	1.900 3 千克二氧化碳/千克
焦炭	28 435 千焦/千克	0.971 4 千克标准煤/千克	29.5	0.93	2.860 4 千克二氧化碳/千克
原油	41 816 千焦/千克	1.428 6 千克标准煤/千克	20.1	0.98	3.020 2 千克二氧化碳/千克
燃料油	41 816 千焦/千克	1.428 6 千克标准煤/千克	21.1	0.98	3.170 5 千克二氧化碳/千克
汽油	43 070 千焦/千克	1.471 4 千克标准煤/千克	18.9	0.98	2.925 1 千克二氧化碳/千克
煤油	43 070 千焦/千克	1.471 4 千克标准煤/千克	19.5	0.98	3.017 9 千克二氧化碳/千克

续表

能源名称	平均低位发热量	折标煤系数	单位热值含碳量/（吨碳/太焦）	碳氧化率	二氧化碳排放系数
柴油	42 652 千焦/千克	1.457 1 千克标准煤/千克	20.2	0.98	3.095 9 千克二氧化碳/千克
液化石油气	50 179 千焦/千克	1.714 3 千克标准煤/千克	17.2	0.98	3.101 3 千克二氧化碳/千克
油田天然气	38 931 千焦/米^3	1.330 0 千克标准煤/米^3	15.3	0.99	2.162 2 千克二氧化碳/米^3

资料来源："平均低位发热量""折标煤系数"来源于《中国能源统计年鉴》、《综合能耗计算通则》（GB/T 2589—2008）（因研究期内此标准为现行标准，所以参考此标准进行计算）；"单位热值含碳量""碳氧化率"来源于《省级温室气体清单编制指南》（发改办气候[2011]1041 号）；"二氧化碳排放系数"计算方法：以"原煤"为例，$1.9003 = 20\,908 \times 0.000\,000\,001 \times 26.37 \times 0.94 \times 1000 \times 44/12$。

将终端能源需求与中间加工转换能源需求按照能源品种与对应的排放系数相乘再加和，即可得到基础发展情景、低碳发展情景和强化低碳情景下的 CO_2 总排放量，计算所得的结果可以作为后面计算贡献率的基础数据。

5.2 新能源发电的碳减排贡献

对于"减排贡献"这个概念，目前没有较为明确的定义，本章暂以新能源发电量所替代的化石能源排放量作为其减排的贡献，当然，其中还需要减去以前研究中未加以重视的全生命周期排放量，这样得到的结果才更为准确。新能源对碳减排的贡献大小，主要包括风力发电、光伏发电、生物质发电、核电这四类。

用公式表示为

新能源对碳减排的贡献量 =

替代化石能源发电的排放量–新能源生命周期碳排放量…　　(5-1)

新能源发电技术的生命周期碳排放量可以根据 4.5.2 节的计算方法得到。结果显示，能源转化模块中新能源技术的生命周期碳排放量也有明显的增加，占总碳排放量的比重从 2015 年的 0.38%提升到基础发展情景的 8.13%、低碳发展情景的 9.78%和强化低碳情景的 11.17%（图 5-1）。

当然，这其中很大一部分原因是装机量和发电量的大幅增加，同时也是因为本章采用了固定的生命周期排放因子。实际生产中随着技术的进步，生命周期排放因子也是会有所降低的。

下面按照式（5-1）计算得到不同情景下新能源的碳减排贡献量和贡献率。表 5-2 和表 5-3 分别为基础发展情景和强化低碳情景下的新能源碳减排贡献。

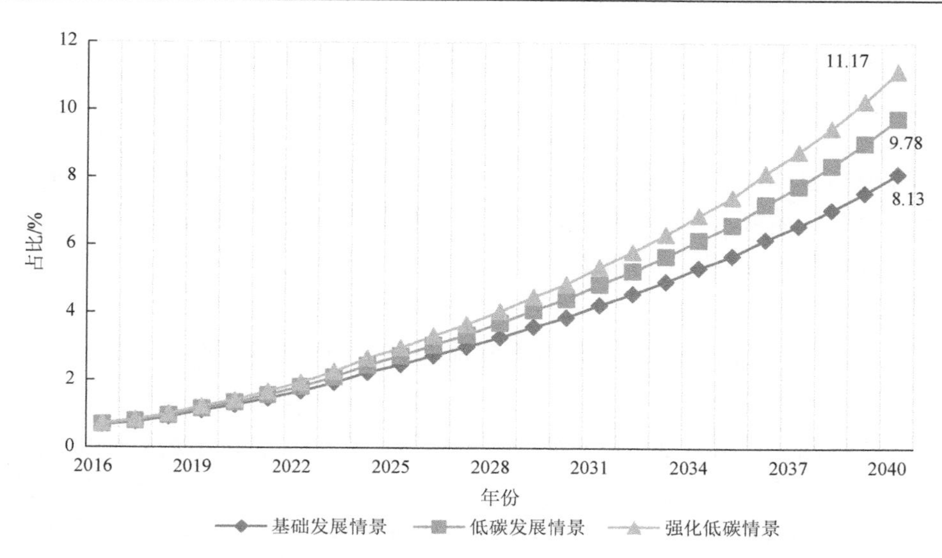

图 5-1　新能源发电全生命周期碳排放占总碳排放量的比例

表 5-2　基础发展情景下的新能源碳减排贡献

项目	2030 年	2040 年
重点新能源发电量/(亿千瓦·时)	5066.70	7036.30
替代标准煤量/亿吨	1.73	2.41
替代化石能源排放量亿吨	4.80	6.67
生命周期排放量/亿吨	0.96	1.38
碳减排贡献量/亿吨	3.84	5.29
贡献率/%	3.35	4.89

注：每 1 千瓦·时低碳能源发电量替代 0.342 千克标准煤的化石能源（李红强和王礼茂，2010）。

表 5-3　强化低碳情景下碳减排贡献

项目	2030 年	2040 年
重点新能源发电量/(亿千瓦·时)	11980.9	22472.9
替代标准煤量/亿吨	4.10	7.69
替代化石能源排放量/亿吨	11.36	21.31
生命周期排放量/亿吨	2.29	4.33
碳减排贡献量/亿吨	9.07	16.98
贡献率/%	9.87	21.86

注：每 1 千瓦·时低碳能源发电量替代 0.342 千克标准煤的化石能源（李红强和王礼茂，2010）。

从结果中可以看出，在基础发展情景下，2030 年和 2040 年主要四种新能源对碳减排的贡献率仅有 3.35%和 4.89%，而在强化低碳情景下，2030 年和 2040 年主要四种新能源对碳减排的贡献率则达到了 9.87%和 21.86%。由此可见，新能源对国家实现减排目标至关重要，但同时我们也需要清醒地认识到，除了发展新能源技术之外，还需要积极地发展其他的减排手段，如提高能源效率、改善能源结构、增加碳汇和发展碳交易市场等。

5.3 新能源发展对能源消费结构改善的贡献

一次能源消费总量是指以一次能源形式体现的全部能源消费量，如原煤、原油、天然气、水能、风能、太阳能、海洋能、潮汐能、地热能、天然铀矿等，如果按照我国的统计口径计算，它等同于能源消费总量。非化石能源是指除煤炭、石油、天然气等经长时间地质变化形成，只供一次性使用的能源类型外的能源，在本章中包括核能、风能、太阳能、水能、生物质能。具体计算时采取一次能源消费减去化石能源消费的方法，即可求出非化石能源占一次能源消费总量的比例（表 5-4）。

表 5-4 非化石能源占一次能源消费总量的比例

项目	发展情景	2030 年	2040 年
终端化石消费/亿吨标准煤	—	29.89	30.27
中间化石消费/亿吨标准煤	基础发展情景	20.22	17.40
	低碳发展情景	14.82	11.29
	强化低碳情景	11.28	7.55
化石能源总消费量/亿吨标准煤	基础发展情景	50.75	41.80
	低碳发展情景	45.35	35.68
	强化低碳情景	41.81	31.94
一次能源消费/亿吨标准煤	基础发展情景	63.16	56.04
	低碳发展情景	57.76	49.93
	强化低碳情景	54.22	46.19
非化石能源占比/%	基础发展情景	19.65	25.42
	低碳发展情景	21.49	28.53
	强化低碳情景	22.89	30.84

资料来源：根据 LEAP 模型预测结果计算得到。

在基础发展情景、低碳发展情景和强化低碳情景下，2030 年非化石能源消费量分别占到一次能源消费量的 19.65%、21.49%和 22.89%；而到 2040 年该比例则分别达到 25.42%、28.53%和 30.84%。通过计算可以看出，新能源发展对能源消费结构的改善（非化石能源消费占比增加）贡献良多。

5.4　本章小结

基于 LEAP 模型的测算结果，本章对新能源减排贡献和新能源对能源消费结构的改善进行了计算，得到以下结论。

（1）计算了新能源发电对碳减排的贡献。在基础发展情景下，2030 年和 2040 年主要四种新能源对碳减排的贡献率仅有 3.35%和 4.89%，而在强化低碳情景下，2030 年和 2040 年主要四种新能源对碳减排的贡献率则达到了 9.87%和 21.86%。

（2）考察不同情景下非化石能源消费占一次能源消费总量的比重。在基础发展情景、低碳发展情景和强化低碳情景下，2030 年非化石能源消费量分别占到一次能源消费量的 19.65%、21.49%和 22.89%，2040 年该比例则分别达到 25.42%、28.53%和 30.84%。可见新能源发展对能源消费结构的改善贡献良多。

第 6 章　主要新能源替代减排的成本及其空间分异

发展新能源是减少碳排放的重要途径之一，然而过于高昂的发电成本却一直是制约其大规模商业化的瓶颈，目前我国很大一部分已落地的风电和光伏发电项目在较大程度上都需要依赖政府的补贴来维持正常运作。随着过去几年新能源装机的爆发式增长，数额巨大的补贴也给政府带来了较为沉重的负担，政府也开始寻求逐渐削减补贴来倒逼新能源的技术进步。随着风电、光伏发电规模化发展和技术快速进步，部分资源优良、建设成本低、投资和市场条件好的地区，已基本具备与燃煤标杆上网电价平价（不需要国家补贴）的条件，2019 年初，国家发展改革委和国家能源局发布了《关于积极推进风电、光伏发电无补贴平价上网有关工作的通知》，开始进一步推进风电、光伏发电无补贴平价上网。本书前面的部分已经对新能源发展对碳减排的贡献进行了测算，本章将评估新能源减排的经济成本。

6.1　主要新能源减排 CO_2 成本测算

6.1.1　减排 CO_2 成本测算模型

《京都议定书》中的清洁发展机制项目核算中通常将新能源和火电成本的差值认为是为实现 CO_2 减排所支付的成本，即减排成本（李红强和王礼茂，2010）。按照这种思路，我们定义新能源的减排成本为：每减少一单位的火电 CO_2 排放需要花费的火电与新能源发电间的成本差额。于是构建出新能源减排 CO_2 的成本测算模型：

$$C_r = (C_n - C_t)/(E_t - E_n) \tag{6-1}$$

式中，C_r 为新能源减排 CO_2 的成本（单位：元/千克）；C_n 为新能源上网电价，在本章中以新能源项目的全生命周期平均发电成本（levelised cost of electricity, LCOE）代替［单位：元/（千瓦·时）］；C_t 为火力发电的平均成本，本章中以煤电的上网电价代替［单位：元/（千瓦·时）］；E_t 为单位火力发电产生的 CO_2 排放量，可以从历年的《中国能源统计年鉴》中获取，这个数字基本上变化不大；E_n 为单位新能源发电产生的 CO_2 排放量，主要参考前面使用过的世界核能协会在 2017 年发布的主要新能源的全生命周期排放因子（表 4-25）。只要确定了对应年份的 C_n 与 C_t，便可以求出该年份的新能源减排 CO_2 的成本。

6.1.2　典型新能源项目 LCOE 计算

能源生产成本可能仍然是决定新能源技术能否实现真正意义上商业化的最重要因素。为了正确评估特定能源生产技术的成本，我们需要制定一个标准对各种技术进行比较。LCOE 作为一个将能源项目全生命周期内所有相关参数都包含在内的计算模型，较为适合作为能源项目发电成本之间进行横向比较的基准。2017 年 8 月，本人随课题组前往甘肃省进行新能源发电情况的调研，对风能、太阳能资源丰富地区的风力发电与光伏发电的实际发电成本与减排成效进行了深入探究，同时了解了当地运营中的一些困境与问题。主要调研的风电厂位于甘肃省酒泉市瓜州县，甘肃省是全国风能资源较丰富的省份之一，风能资源理论储量为 237 吉瓦，居全国第五位。据当地相关部门介绍，甘肃省的风能资源主要集中在酒泉地区，酒泉风电基地的风能开发利用主要集中在玉门、瓜州、马鬃山 3 个区域内。酒泉市于 2008 年获批成为我国第一个千万千瓦级风电基地，而瓜州县则是其重中之重。自 2006 年至我们调研时（2017 年 8 月 22 日）为止，瓜州县充分发挥资源优势，先后引进 17 家发电企业入驻，共建成风力发电场 34 个，风电装机并网规模达到 645 万千瓦，分别占全国的 4.7%、全甘肃省的 50.75%、全酒泉市的 70.49%。2013 年以前，瓜州县风电项目弃风率还可以控制在 20%以内，当年平均满负荷发电小时数达到 1811 小时，2014 年以后发电小时数开始逐年下降，到 2016 年风电平均满负荷发电小时数仅为 1021 小时，只达到风电企业盈亏平衡点 1800 小时的一半左右，“窝风”“限电”情况异常严峻，发电企业普遍亏损（表 6-1）。近年来，随着几条特高压输电线路的建设完工并投入运行，大面积弃风的现象有所好转，截至课题组调研时为止，瓜州县已上网电量为 58 亿千瓦・时，恢复到 2014 年同期的水平。本章以瓜州县某风电场数据为例计算该地区风电项目的平均度电成本。

表 6-1　2011～2016 年瓜州县风电弃风限电情况统计表

年份	装机容量/万千瓦	风电			限电比例/%	可利用小时数/时
		理论发电量/(亿千瓦・时)	实际发电量/(亿千瓦・时)	限电量/(亿千瓦・时)		
2011	250	69.8	49.8	20.0	28.7	1310
2012	380	83.7	60.2	23.5	28.1	1583
2013	390	88.0	70.6	17.4	19.8	1811
2014	400	81.2	64.3	16.9	20.8	1608
2015	645	151.6	68.4	83.2	54.9	1060
2016	645	145.1	65.9	79.2	54.6	1021

资料来源：通过调研与座谈获得。

1）LCOE 的计算原理

LCOE 计算方法是项目整个生命周期内总成本的净现值与全生命周期净发电量年值之比。LCOE 的计算公式如下：

$$\mathrm{LCOE}=\frac{\sum_{n=1}^{N}\frac{C_n}{1+d}}{\sum_{n=1}^{N}\frac{Q_n}{(1+d)^n}} \tag{6-2}$$

式中，Q_n为系统第 n 年的发电量或节省的能源；C_n为系统第 n 年的运营成本，包括投资成本、财务支出、运营维护成本和维修费用等；d 为折现率；N 为系统运营年限（陈荣荣等，2015）。由于计算考虑了折现率，因此通过该公式计算出来的是动态的度电成本。

2）风电场 LCOE 构成

不同研究机构对平准化成本模型的构建有所不同。

国际可再生能源机构认为风力发电厂的成本构成可分为四大类：风机成本、土建成本、电网连接成本、规划和项目成本。

美国国家可再生能源实验室（National Renewable Energy Laboratory，NREL）认为风电项目的总投资成本包括设备投资成本、财务成本、建设成本、固定运维成本及变动运维成本。

国际能源机构通过计算 7 个国家的风电 LCOE，将风电项目全生命周期成本分为投资成本、运维成本、财务成本，重点探讨了财务成本变化对风电成本的影响。

总而言之，采用不同的边界，计算得到的 LCOE 也不同。综合前人的研究成果，本章初步考虑将风电项目的成本构成分解为初始投资成本（包括风机设备、规划和建设）、运维成本、财务成本和报废成本四大类。

这样一来，风电项目 LCOE 的计算公式便可表示为

$$\mathrm{LCOE}=\frac{\sum_{n=1}^{N}\frac{\mathrm{Civs}_n+\mathrm{Cop}_n+\mathrm{Cfn}_n}{1+d}}{\sum_{n=1}^{N}\frac{Q_n}{(1+d)^n}} \tag{6-3}$$

式中，Civs_n为项目的初始投资成本，包括设备及安装工程费、建筑工程费以及其他费用；Cop_n为风电场的运行和维护费用，包括维修费、保险费、材料费、工资福利及其他费用；Cfn_n为项目的财务成本，包括融资成本和应纳税额，即增值税、所得税、土地税等；Q_n为项目当年的净发电量，$Q_n = CH(1-\mathrm{PCR})$，C 为风电场的装机容量，H 为该风电项目的年有效利用小时数，PCR 为该风电场的用电率；N 为这个项目的运行周期；d 为折现率，由加权资本成本计算得来。根据经济合作

与发展组织的有关研究，折现率是左右 LCOE 的值的关键因素，在贴现率较低时，新能源项目会较传统能源项目体现出优势，并建议用两个标准折现率（5%和 10%）来做对比分析（蓝澜等，2013）。

3）风电场 LCOE 案例计算

风电场总装机规模为 201 兆瓦，属于风力资源极好的地区。根据工程设计，该项目静态总投资为 195 669 万元，动态总投资为 202 657 万元，单位千瓦投资为 10 082 万元，项目自有资金 30%（60 797 万元），贷款 70%（141 860 万元），年贷款利息 6988 万元。项目永久用地 475 亩（1 亩≈666.7 平方米），单位定员 35 人。项目批复上网电价为 0.5206 元/(千瓦 • 时)。该项目理论发电量为 41 773 万千瓦 • 时，年可实现销售收入 21 747 万元。其中年均支出中，折旧费为 7577 万元，维修费为 2516 万元，保险费为 440 万元，利息支出 5109 万元，材料费、工资福利及其他费用为 850 万元（表 6-2）。

表 6-2　瓜州县某风电场发电成本计算参数

成本类型	具体参数	数值
投资参数	初始投资	202 657 万元
	折旧费	20 年，年均 7577 万元，残值率 3%
运维参数	维修费	2516 万元
	保险费	440 万元
	材料费、工资福利及其他费用	850 万元
财务参数	经营期	20 年
	资本金比例	30%
	贷款条件	利率 4.926%，20 年，年利息 6988 万元
	增值税率及其附加税率	增值税率 17%，即征即退 50%；附加税率 8%
	所得税率	25%，三免三减半
	土地使用税	63.33 万元
	资金内部收益率	8%
	残值率	4%
其他参数	设计年发电时长	2078 小时
	实际有效发电时长	1000 小时
	用电率	3%
	装机容量	201 兆瓦
	项目批复上网电价	0.5206 元/(千瓦 • 时)

（1）投资成本（Civs）分析。该风电场静态总投资为 195 669 万元，动态总投资为 202 657 万元。折旧年限为 20 年，还贷期每年折旧费的 100%用于还贷，年折旧 7577 万元，残值率设为 3%。

发电工程动态投资为 202 657 万元，其中 30%为资本金，70%为银行贷款，贷款利率为 4.926%，贷款偿还年限暂按照 20 年计算，每年等额还本付息还款。

（2）运维成本（Cop）分析。运行成本包括运行周期内的设备维修费、人工费、保险费、材料费及其他费用。

其中需要注意的是人工成本有一定的增长率，一般设为 6%，该项目将人工成本与材料费和其他费用一起考虑，因此折中取 2%的增长率。而设备维修费随着设备年限增加也会有所增加，按照以下梯度增长方案取增长率：设备在质保期内（5 年）时每年 0.5%，5～10 年间每年 1%，10～15 年间每年 1.5%，15～20 年间每年 2%。

（3）财务成本（Cfn）分析。应纳税额包括土地使用税、增值税及其附加税、所得税。风电场永久占地 475 亩，土地使用税为 2 元/米 ^{2}，因此每年的土地使用税为 63.33 万元。

（4）净发电量（Q_n）分析。该风电场装机容量为 201 兆瓦，年设计发电小时数为 2078 小时，瓜州县被划定为风力资源“Ⅱ类资源区”，该区域按照项目批复 2016 年之前的上网电价为 0.5206 元/（千瓦·时），风电场用电率为 3%。

（5）风电场 LCOE 计算。结合以上对各项成本构成的分析，根据本章建立的风电项目平准化成本计算模型［式（6-3）］，按照年设计发电 2078 小时计算，计算出瓜州县该风电项目无补贴的平准化成本为 0.5516 元/(千瓦·时)（具体计算过程及数据见附表 8），比标杆电价 0.5206 元/(千瓦·时)还要高。排除计算误差和参数遗漏等因素，最好的情况也仅仅是收支勉强持平，谈不上有什么利润可言。但考虑到 2016 年该电厂实际有效运行时长仅为 1000 小时，依照此时长计算出的度电成本为 1.0561 元/(千瓦·时)，风电企业只能亏本发电或干脆将大量风机闲置，这也是 2013～2015 年酒泉市大部分风电企业所处的状态。

6.2 减排 CO_2 成本的空间分异

6.2.1 风力发电减排 CO_2 成本的空间分异

按照减排 CO_2 成本测算模型［式（6-1）］中的参数设定，新能源减排 CO_2 成本表示为：以新能源生命周期发电成本和煤电上网电价的差，除以单位火力发电产生的 CO_2 排放量和单位新能源发电产生的 CO_2 排放量的差。

分母中的煤炭发电和风力发电的全生命周期 CO_2 排放因子在前文计算碳排放时获得，分别为 888 吨 CO_2/(10^6 千瓦·时)和 26 吨 CO_2/(10^6 千瓦·时)，单位转换后为 0.888 千克 CO_2/(千瓦・时)和 0.026 千克 CO_2/(千瓦・时)。

前文对甘肃省酒泉市瓜州县典型风电项目生命周期发电成本进行了计算，在与国内其他地区风电项目进行对比后发现，该项目的一些主要经济参数，如项目自有资金和贷款的比例、贷款利率、税率及折旧费比率等，都可以较好地代表国内主流的风力发电项目，且在省级间差异不大。鉴于各个省份单独的投资参数和财务参数较难获取，我们在接下来计算时对这些经济参数予以沿用。需要针对各个省进行调整的参数包括各个省的风电标杆电价、燃煤标杆电价和设计发电时长。我国不同风能资源区对应有着不同的风电标杆电价，风能资源丰富的地区由于年有效运行时长较长，发电成本较低，因此上网标杆电价往往也较低。各风能资源区的历年标杆电价见表 6-3。

表 6-3　我国风能资源区划及对应风电标杆电价

资源区	各资源区所包括的地区	历年标杆电价/(元/(千瓦・时))				满负荷年运行小时数/时
		2018 年	2016 年	2015 年	2009 年	
Ⅰ类资源区	内蒙古除赤峰市、通辽市、兴安盟、呼伦贝尔市以外其他地区；新疆乌鲁木齐市、伊犁哈萨克族自治州、克拉玛依市、石河子市	0.44	0.47	0.49	0.51	2200
Ⅱ类资源区	河北省张家口市、承德市；内蒙古赤峰市、通辽市、兴安盟、呼伦贝尔市；甘肃省嘉峪关市、酒泉市；云南省	0.47	0.5	0.52	0.54	1800
Ⅲ类资源区	吉林省白城市、松原市；黑龙江省鸡西市、双鸭山市、七台河市、绥化市、伊春市，大兴安岭地区；甘肃省除嘉峪关市、酒泉市以外其他地区；新疆除乌鲁木齐市、伊犁哈萨克族自治州、克拉玛依市、石河子市以外其他地区；宁夏	0.51	0.54	0.56	0.58	1500
Ⅳ类资源区	除Ⅰ类、Ⅱ类、Ⅲ类资源区以外的其他地区	0.58	0.6	0.61	0.61	1000

资料来源：《国家发展改革委关于完善陆上风电 光伏发电上网标杆电价政策的通知》，李红强和王礼茂（2010）和中国可再生能源发展战略研究项目组（2008b）的数据。

注：由于数据可得性，本表不包含西藏、香港、澳门、台湾的数据。

结合目前全国普遍存在的“弃风”“窝风”现象，参考李红强和王礼茂（2010）和中国可再生能源发展战略研究项目组（2008b）的研究结果，将四类风能资源区的满负荷年运行小时数划分为 2200 小时、1800 小时、1500 小时和 1000 小时（表 6-3）。

除了整个省份都在同一风能资源区的以外，其他省份依照各自大部分面积所在的风能资源区确定小时数，少数省内差异较明显的省份如内蒙古、河北，则划分为东西两部分或南北两部分。在确定了各个省份的满负荷年运行小时数和 2015 年风电标杆电价之后，套用式（6-3）中的风电项目 LCOE 计算公式，可以得到各省区市大致的风电生命周期度电成本，再结合国家发展改革委公布的2015年各省区市燃煤发电上网电价，代入减排CO_2成本测算模型，便可计算得到各省区市2015年的减排CO_2成本（表6-4）。

表6-4　各省区市风电生命周期度电成本、燃煤标杆电价和减排CO_2成本

省区市	满负荷年运行小时数/时	2015年风电标杆电价/(元/(千瓦・时))	风电生命周期度电成本/(元/(千瓦・时))	燃煤发电标杆上网电价/(元/(千瓦・时))	减排CO_2成本/(元/千克)
内蒙古东部	2200	0.49	0.5535	0.3068	0.2862
内蒙古西部	2200	0.49	0.5535	0.2937	0.3014
甘肃	2200	0.49	0.5535	0.3250	0.2651
新疆	2200	0.49	0.5535	0.2620	0.3382
辽宁	2200	0.49	0.5535	0.3863	0.1940
山东	2200	0.49	0.5535	0.4194	0.1556
上海	2200	0.49	0.5535	0.4359	0.1364
江苏	2200	0.49	0.5535	0.4096	0.1669
浙江	2200	0.49	0.5535	0.4453	0.1255
福建	2200	0.49	0.5535	0.4075	0.1694
广东	2200	0.49	0.5535	0.4735	0.0928
海南	2200	0.49	0.5535	0.4528	0.1168
吉林	1800	0.52	0.6375	0.3803	0.2984
黑龙江	1800	0.52	0.6375	0.3864	0.2913
北京	1800	0.52	0.6375	0.3754	0.3040
天津	1800	0.52	0.6375	0.3815	0.2970
河北北部	1800	0.52	0.6375	0.3971	0.2789
河北南部	1800	0.52	0.6375	0.3914	0.2855
山西	1800	0.52	0.6375	0.3538	0.3291
安徽	1800	0.52	0.6375	0.4069	0.2675
河南	1800	0.52	0.6375	0.3997	0.2759
湖北	1800	0.52	0.6375	0.4416	0.2272
青海	1800	0.52	0.6375	0.3370	0.3486
宁夏	1800	0.52	0.6375	0.2711	0.4250
江西	1500	0.56	0.7103	0.4396	0.3141
湖南	1500	0.56	0.7103	0.4720	0.2765
广西	1500	0.56	0.7103	0.4424	0.3108
陕西	1500	0.56	0.7103	0.3796	0.3837
重庆	1000	0.61	0.9782	0.4213	0.6460
四川	1000	0.61	0.9782	0.4402	0.6241
贵州	1000	0.61	0.9782	0.3709	0.7045
云南	1000	0.61	0.9782	0.3563	0.7214

资料来源：燃煤发电标杆上网电价来自《国家发展改革委关于降低燃煤发电上网电价和工商业用电价格的通知》，其他数据由计算得到。

注：由于数据可得性，本表不包含西藏、香港、澳门、台湾的数据。

从表 6-4 中的结果可以看出，我国各省减排 CO_2 成本差异极大，成本最高的为云南的 0.7214 元/千克，最低的为广东的 0.0928 元/千克。我们将减排 CO_2 成本按照从高到低进行类别划分，减排成本大于 0.5 元/千克的为高成本区，0.4～0.5 元/千克的为较高成本区，0.3～0.4 元/千克的为中成本区，0.15～0.3 元/千克的为较低成本区，小于 0.15 元/千克的为低成本区。以此为分类标准，在 ArcGIS 中绘制 2015 年中国风电减排 CO_2 成本省级分异图（图 6-1）。

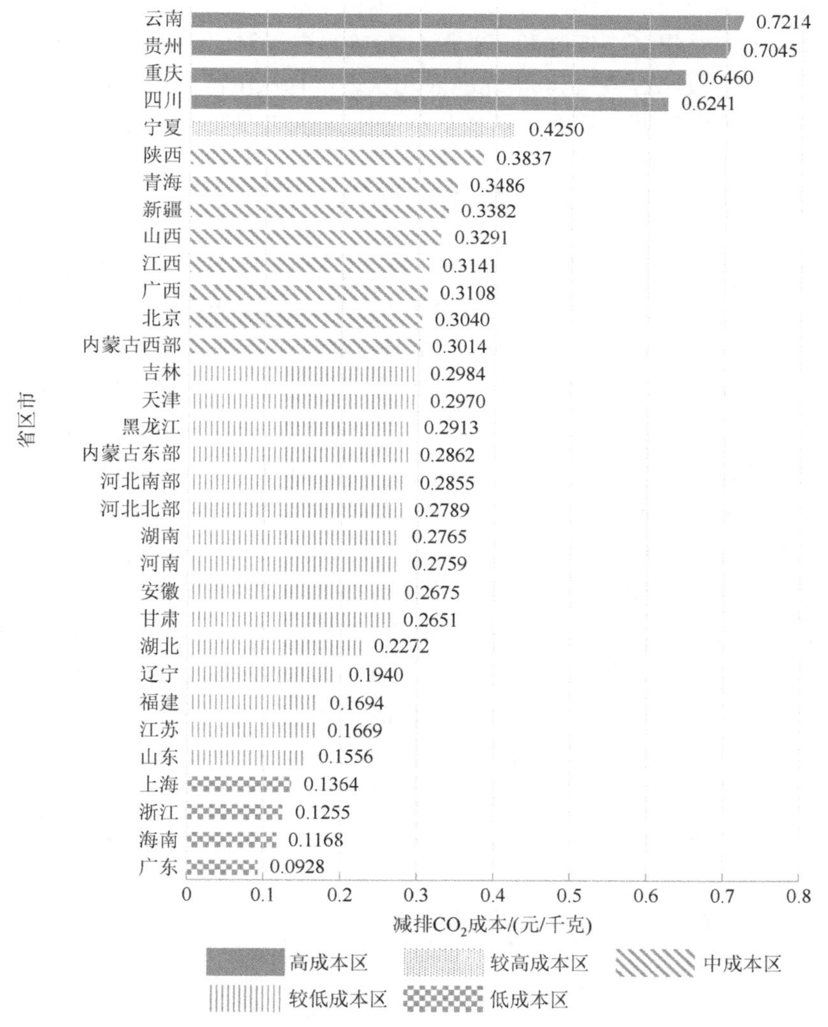

图 6-1　2015 年中国风电减排 CO_2 成本省级分异图

从图 6-1 中可以看出，我国减排 CO_2 成本较低的区域主要集中于东南沿海一带省份，中部与北部省份减排 CO_2 成本适中，西南省份减排 CO_2 成本最高。形成这样的分布差异主要有以下原因："三北"地区和沿海地区的风力资源在我国是最为丰富的，这两地的风力发电成本也最低，两地的差异在于煤电上网电价；同时"三北"地区煤炭资源丰富，当地的煤炭标杆电价自然比沿海地区要低，导致与风力发电成本之间差距较大，因而减排 CO_2 成本也就比沿海地区要高一些。而西南省份既缺乏适合发展风电的风力资源，又没有较低的煤电电价，因此该地区的减排 CO_2 成本最为高昂。按照这样的省级分异发展下去，最先实现风电平价上网的地区应该会是东南沿海省份。将风电减排成本省际差异结果与本课题组采用类似方法的前人研究结果（李红强和王礼茂，2010）进行对比，发现与其得出的结论"呈现出沿海地区最低，东北、华北和西北次之，且从沿海向内陆，由'三北'往南延伸呈上升之势"基本符合，这也从侧面验证了该模型的可靠性。

6.2.2 光伏发电减排 CO_2 成本的空间分异

课题组在调研过程中虽然也对光伏企业进行了调研，但未能获得较为翔实的经济参数，因此无法参照计算风电成本的模型来计算光伏发电成本。不过若参考前文对风电参数的处理方法，也可以对各省光伏发电成本进行大致的估算。我们以2015年全国全年平均利用小时数1133小时（国家能源局，2016）和2015年全国太阳能发电平均上网电价0.7898元/(千瓦·时)（中国电力企业联合会，2016）作为平均值，在默认各省投资参数与财务参数相差不大的前提下，可以根据各省光伏年运行小时数与全国平均利用小时数之比，来近似得到各省的光伏平均度电成本。

具体到确定各省的光伏年运行小时数时，参考《中国光伏分类上网电价政策研究报告》，根据年等效利用小时数将全国划分为三类太阳能资源区，年等效利用小时数大于1600小时为Ⅰ类资源区，年等效利用小时数在1400～1600小时为Ⅱ类资源区，年等效利用小时数在1200～1400小时为Ⅲ类资源区，实行不同的光伏标杆上网电价（表6-5）。具体计算时以各资源区年运行小时数的下限代入计算，Ⅰ类资源区1600小时，Ⅱ类资源区1400小时，Ⅲ类资源区1200小时。根据各个省份在不同资源区的面积大小，将其归属到更合适的资源区内，以确定其标杆电价。省内分异较明显的省份，如内蒙古、甘肃等，则分开进行计算。

表6-5 我国太阳能资源区划及对应标杆电价 （单位：元/(千瓦·时)）

资源区	各资源区所包括的地区	历年标杆电价/(元/(千瓦·时))					满负荷年运行小时数/时
		2018年	2017年	2016年	2014年	2011年	
Ⅰ类资源区	宁夏，青海海西，甘肃嘉峪关、武威、张掖、酒泉、敦煌、金昌，新疆哈密、塔城、阿勒泰、克拉玛依，内蒙古除赤峰、通辽、兴安盟、呼伦贝尔以外地区	0.55	0.65	0.8	0.9	1.15	1600

续表

资源区	各资源区所包括的地区	历年标杆电价/(元/(千瓦·时))					满负荷年运行小时数/时
		2018年	2017年	2016年	2014年	2011年	
Ⅱ类资源区	北京，天津，黑龙江，吉林，辽宁，四川，云南，内蒙古赤峰、通辽、兴安盟、呼伦贝尔，河北承德、张家口、唐山、秦皇岛，山西大同、朔州、忻州、阳泉，陕西榆林、延安，青海、甘肃、新疆除Ⅰ类外其他地区	0.65	0.75	0.88	0.95	1.15	1400～1600
Ⅲ类资源区	除Ⅰ类、Ⅱ类资源区以外的其他地区	0.75	0.85	0.98	1	1.15	1200～1400

资料来源：《国家发展改革委关于完善陆上风电 光伏发电上网标杆电价政策的通知》，《中国光伏分类上网电价政策研究报告》。

注：由于数据可得性，本表不包含香港、澳门、台湾的数据。

根据全国平均运行时长和平均光伏上网电价与各省区市对应参数的对比，可以测算出各省区市的光伏生命周期度电成本，再根据减排 CO_2 成本测算模型，计算出各省区市光伏发电的减排成本，具体测算结果见表 6-6。与风力发电类似，我国煤炭发电与光伏发电的全生命周期 CO_2 排放因子分别为 888 吨 $CO_2/(10^6$ 千瓦·时)和 85 吨 $CO_2/(10^6$ 千瓦·时)，单位转换后为 0.888 千克 CO_2/(千瓦·时)和 0.085 千克 CO_2/(千瓦·时)。

表 6-6　各省区市光伏生命周期度电成本、燃煤标杆电价和减排 CO_2 成本

省区市	满负荷年运行小时数/时	2015 年光伏标杆电价/(元/(千瓦·时))	光伏生命周期度电成本/(元/(千瓦·时))	燃煤发电标杆上网电价/(元/(千瓦·时))	减排 CO_2 成本/(元/千克)
内蒙古西部	1600	0.9	0.4507	0.2937	0.1955
甘肃北部	1600	0.9	0.4507	0.3250	0.1566
青海北部	1600	0.9	0.4507	0.3370	0.1416
宁夏	1600	0.9	0.4507	0.2711	0.2237
北京	1400	0.95	0.4880	0.3754	0.1402
天津	1400	0.95	0.4880	0.3815	0.1326
河北北部	1400	0.95	0.4880	0.3971	0.1132
山西北部	1400	0.95	0.4880	0.3538	0.1671
辽宁	1400	0.95	0.4880	0.3863	0.1266
吉林	1400	0.95	0.4880	0.3803	0.1341
黑龙江	1400	0.95	0.4880	0.3864	0.1265

续表

省区市	满负荷年运行小时数/时	2015 年光伏标杆电价/(元/(千瓦・时))	光伏生命周期度电成本/(元/(千瓦・时))	燃煤发电标杆上网电价/(元/(千瓦・时))	减排 CO_2 成本/(元/千克)
内蒙古东部	1400	0.95	0.4880	0.3068	0.2256
陕西北部	1400	0.95	0.4880	0.3796	0.1350
甘肃南部	1400	0.95	0.4880	0.3250	0.2030
青海南部	1400	0.95	0.4880	0.3370	0.1880
云南	1400	0.95	0.4880	0.3563	0.1640
四川	1400	0.95	0.4880	0.4402	0.0595
河北南部	1200	1	0.5409	0.3914	0.1861
山西南部	1200	1	0.5409	0.3538	0.2329
山东	1200	1	0.5409	0.4194	0.1513
上海	1200	1	0.5409	0.4359	0.1307
江苏	1200	1	0.5409	0.4096	0.1635
浙江	1200	1	0.5409	0.4453	0.1190
安徽	1200	1	0.5409	0.4069	0.1668
福建	1200	1	0.5409	0.4075	0.1661
湖北	1200	1	0.5409	0.4416	0.1236
湖南	1200	1	0.5409	0.4720	0.0858
河南	1200	1	0.5409	0.3997	0.1758
重庆	1200	1	0.5409	0.4213	0.1489
江西	1200	1	0.5409	0.4396	0.1261
陕西南部	1200	1	0.5409	0.3796	0.2008
广东	1200	1	0.5409	0.4735	0.0839
广西	1200	1	0.5409	0.4424	0.1226
贵州	1200	1	0.5409	0.3709	0.2117
海南	1200	1	0.5409	0.4528	0.1097

资料来源：燃煤发电标杆上网电价来自《国家发展改革委关于降低燃煤发电上网电价和工商业用电价格的通知》，其他数据由计算得到。

注：由于数据可得性，本表不包含西藏、新疆、香港、澳门、台湾的数据。

对比表 6-4 和表 6-6 可以看出，各省区市之间光伏发电减排成本的差异要比风电减排成本差异小得多，这是因为太阳能资源分布比风能资源要更加均衡，因而各省区市之间的满负荷年运行小时数差异不大，导致最后减排成本的差异也较小。减排成本最高的为山西南部的 0.2329 元/千克，最低的为四川省的 0.0595 元/千克。我们将减排 CO_2 成本按照从高到低进行类别划分，减排成本大于 0.2 元/千克的为高成本区，0.15～0.2 元/千克的为中成本区，0.1～0.15 元/千克的为较低成本区，小于 0.1 元/千克的为低成本区。以此为分类标准，在 ArcGIS 中绘制 2015 年中国光伏发电减排 CO_2 成本省级分异图（图 6-2）。

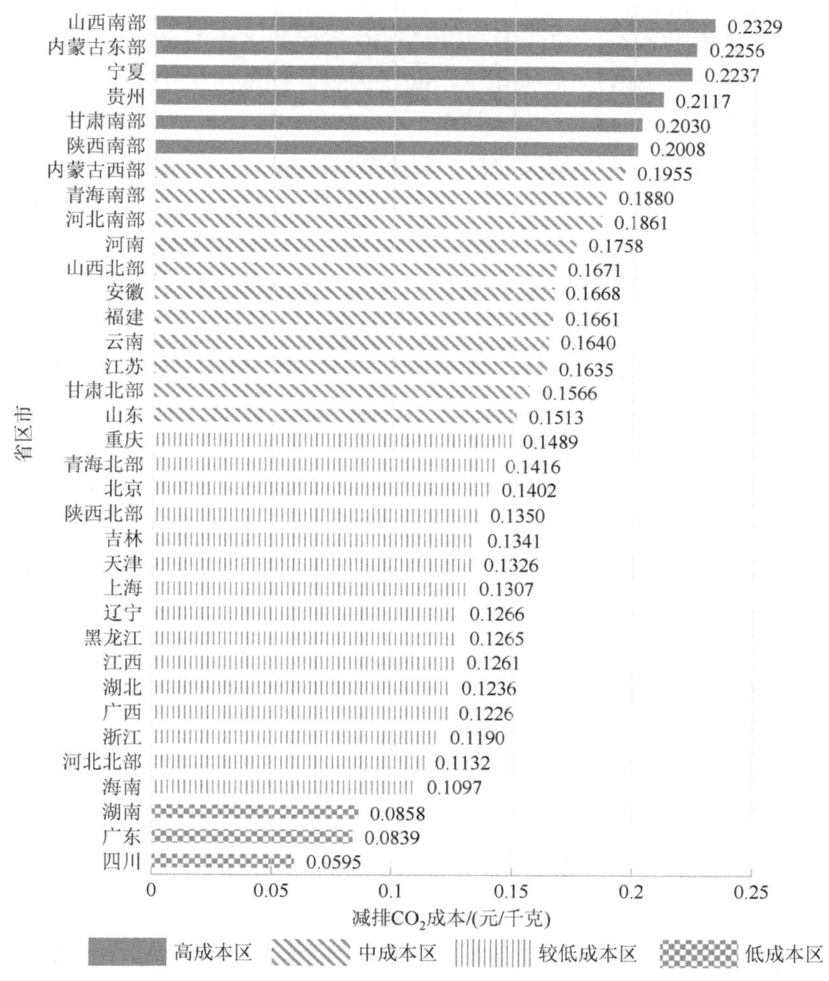

图 6-2　2015 年中国光伏发电减排 CO_2 成本省级分异图

从图 6-2 中可以看出，我国光伏发电减排 CO_2 成本省级分异呈现高低交错态势，整体上略显“北高南低”，但远没有风电减排成本的“西高东低”趋势那么明显。减排成本较高的区域如山西南部、内蒙古东部、宁夏、贵州，多属于煤电电价较低的区域；而减排成本较低的区域集中于湖南、广东和四川，多为煤电电价较高的区域。

6.3　减排 CO_2 成本的演变趋势

6.3.1　学习曲线理论

学习曲线（learning curve）又称经验曲线，是用来描述单位生产成本与连续累计产量之间关系的曲线，起源于 20 世纪 30 年代的飞机制造业中劳动生产力的学习效应（Wright，1936），后来由 Arrow（1962）提炼出“干中学”模型，构造出技术学习曲线。

前人的研究表明，除了制造业外，光伏发电、风电等新能源发展的规模效应与成本下降之间的关系也符合这样的学习曲线（McDonald and Schrattenholzer，2001；Ibenholt，2002；Nemet，2006），可以利用其来描述新能源发电成本随累计装机规模扩大而下降的趋势。其基本思想是成本下降是经验累积的结果，可以把新能源投资成本看作新能源累计装机容量的函数。

基于学习曲线模型影响因素的数量选择，学术界存在以下几种模型变化。

1）单因素学习曲线

单因素学习曲线（one-factor learning curve，OFLC）模型自变量只为累计产量，可以理解为将所有影响因素均通过累计产量表达，即学习效应只来源于“干中学”。首先，从统计学角度来看，在回归分析中该模型可以得出较好的分析结果，即得出单位成本变化与累计产量间的关系表达。然而单因素学习曲线模型并没有单独考虑研发对于能源技术成本发展的影响效果，由于该模型只包含一个解释变量（累计产量），容易估计出偏大的“干中学”学习效率；从研究结果分析角度来看，其无法得出与技术研发相关的科学的政策指导性建议。其次，研发投入与累计产量为两个独立变量，很难从累计产量中反映出研发投入的变化；而忽略研发对能源技术成本影响的单因素模型对于科学描述能源技术发展模式存在一定的局限性。

一般单因素学习曲线的基本模型为（Kahouli-Brahmi，2008）

$$C(Q)=aQ^{-x} \tag{6-4}$$

式中，Q 为产品累计产量；$C(Q)$ 为产量为 Q 时每件产品的成本；a 为第 1 件产品的成本；x 为“干中学”的弹性系数，它定义了学习过程的有效性。参数 a 可以从学习曲线的某个给定点计算得到，通常采用起始点的数据，如：

$$a=C_0/(Q_0)^{-x} \tag{6-5}$$

式中，C_0 和 Q_0 分别为起始点的成本和数量。

将式（6-5）中的参数替换成能源技术中相应的参数后，模型改写为

$$SC = a(CC^{-b}) \tag{6-6}$$

式中，SC 为单位产能的成本；a 为初始单位产能的成本；CC 为累计装机容量，表现为时间 t 的函数；b 为“干中学”的弹性系数。在此情形下，“干中学”的学习效率为 $1-2^{-b}$。

2）双因素学习曲线

双因素学习曲线（two-factors learning curve，TFLC）模型在单因素模型的基础上，考虑研发因素对能源技术成本变化的影响，在一定程度上弥补了单因素模型的缺陷。其研究结论由于包含研发与产量两方面信息，能够对新能源研发计划的制定以及产业政策的制定提供一定的支撑作用。将“研中学”因素提炼出来的能源技术双因素学习曲线模型为

$$SC = a(CC^{-b})\cdot(KS^{-c}) \tag{6-7}$$

式中，SC 为单位产能的成本；a 为初始单位产能的成本；CC 为累计装机容量，表现为时间 t 的函数；b 为“干中学”的弹性系数；c 为“研中学”的弹性系数；KS 为知识累积量，表现为累计研发资金投入与时间 t 的函数。在此情形下，“干中学”的学习效率为 $1-2^{-b}$，“研中学”的学习效率为 $1-2^{-c}$。

此外，除了单因素和双因素外，还有增加“规模效应”和“投入要素价格变动”为影响因素的三因素和四因素学习曲线模型。在实际操作中，需要根据数据的可得性选择合适的模型。

6.3.2　新能源发电成本未来趋势分析

单位成本随累计产量的增长以特定的学习效率下降是一种基于经验观察的现象，而不是必然的自然规律，单位成本的下降应被看作基于多种内生和外生因素长期的、动态的共同作用的结果。因此学习曲线影响因素的选择需要结合具体研究情况来确定。本节的计算对象为风电、光伏发电两种能源技术。对于规模效应因素，由于其与累计产量、累计研发存在较为明显的相关性和重叠性，因此排除规模效应因素。至于投入要素价格变动，则可利用历年通货膨胀率修正。在数据充分的前提下，选择累计装机容量与累计研发投入作为研究变量构建双因素学习曲线是最好的选择。本节中由于累计研发投入缺乏较为权威的统计数据，因此仅以累计装机容量构建风电和光伏发电的单因素学习曲线模型，生物质发电由于缺少数据留待后续研究。

1）风电学习曲线模型

表 6-7 列出了 2000～2015 年中国风电累计装机容量和发电成本变化数据。其中累计装机容量的数据来自周亮（2015）、宋栋和何永秀（2017）的研究，全生命周期发电成本的数据来自国际可再生能源机构数据库。

表 6-7　中国风电的累计装机容量与发电成本学习曲线模型原始数据

年份	累计装机容量 CC/兆瓦	发电成本 SC/(元/(千瓦·时))
2000	346	0.976 0
2001	381	0.808 3
2002	448	0.906 3
2003	545	0.651 2
2004	743	0.633 2
2005	1 250	0.665 5
2006	2 537	0.640 8
2007	5 848	0.525 7
2008	12 002	0.503 7
2009	25 805	0.573 2
2010	44 733	0.464 5
2011	62 364	0.413 0
2012	75 324	0.419 8
2013	91 413	0.407 3
2014	114 610	0.403 9
2015	145 380	0.390 3

参照式（6-4），得到风电成本随累计装机容量变化的学习曲线模型：

$$SC_f = a(CC^{-b}) \tag{6-8}$$

为了方便计算，对上式两边取对数，变换得到：

$$\lg SC_f = \lg a - b\lg CC \tag{6-9}$$

根据表 6-7 的数据，在 SPSS 软件中对式（6-9）进行回归分析，结果显示 $R^2 = 0.940\,947$，模型的回归合理。其中 $\lg a = 0.215\,880$，$b = 0.121\,016$，那么由式（6-9）确定的模型为

$$\lg SC_f = 0.215\,880 - 0.121\,016\lg CC$$

还原成式（6-8）表示的学习曲线模型为

$$SC_f = 1.643\,917(CC^{-0.121\,016}) \tag{6-10}$$

这就是风电成本的双因素学习曲线模型。同时根据前面的定义可知 2000～2015 年这段时间我国风电的“干中学”学习效率为$1-2^{-0.121\,016}=8.05\%$。

2）光伏发电学习曲线模型

由于光伏发电产业在我国 2007 年起才开始市场化，初期的装机容量和发电成本数据偶然性较大，因此本节从光伏发电并网容量达到一定数量级时的 2010 年开始统计。表 6-8 统计了 2010～2015 年中国光伏发电的累计装机容量和发电成本变化数据，装机容量数据来自历年的《中国能源统计年鉴》，发电成本数据来自国际可再生能源机构数据库。

表 6-8　中国光伏发电的累计装机容量与发电成本学习曲线模型原始数据

年份	累计装机容量 CC/兆瓦	发电成本 SC/(元/(千瓦·时))
2010	260	2.000 0
2011	2 220	1.725 0
2012	3 410	1.332 4
2013	14 790	0.980 4
2014	26 520	0.838 3
2015	43 180	0.725 3

光伏发电由于缺少研发投入数据，因此也无法构建双因素学习曲线模型，只能参照式（6-4）构建基于累计装机容量的单因素学习曲线模型：

$$SC_g = a(CC^{-b}) \tag{6-11}$$

对式（6-11）两边取对数，变换得到

$$\lg SC_g = \lg a - b\lg CC \tag{6-12}$$

根据表 6-8 的数据，在 SPSS 软件中对式（6-12）进行回归分析，结果显示 $R^2 = 0.968\,014$，$\sigma = 0.049\,497$，该模型的回归合理。其中 $\lg a = 0.849\,813$，$b = 0.206\,949$，因此式（6-12）确定的模型为

$$\lg SC_g = 0.849\,813 - 0.206\,949\lg CC$$

还原成式（6-11）表示的学习曲线模型为

$$SC_g = 7.076\,410(CC^{-0.206\,949}) \tag{6-13}$$

这就是光伏发电成本的单因素学习曲线模型。同时根据前面的定义可知 2010～2015 年这段时间我国光伏发电的“干中学”学习效率为$1-2^{-0.206\,949}=13.36\%$。

3）未来单位发电成本预测

在第 4 章中已经预测了风电与光伏发电 2015～2040 年的装机容量，风电依照式（6-10），光伏发电依照式（6-13），在假定学习率保持不变的前提下，计算得出相应年份的度电发电成本（表 6-9）。

表 6-9　2015～2040 年光伏发电与风电度电成本预测值（单位：元/(千瓦·时)）

发展情景发电方式		2015 年	2020 年	2025 年	2030 年	2035 年	2040 年
基础发展情景	风电	0.396	0.376	0.362	0.352	0.344	0.338
	光伏发电	0.777	0.584	0.494	0.459	0.438	0.425
低碳发展情景	风电	0.396	0.371	0.353	0.339	0.328	0.320
	光伏发电	0.777	0.565	0.470	0.429	0.405	0.389

续表

发展情景发电方式		2015 年	2020 年	2025 年	2030 年	2035 年	2040 年
强化低碳情景	风电	0.396	0.365	0.342	0.339	0.313	0.304
	光伏发电	0.777	0.546	0.443	0.429	0.369	0.351

从图 6-3 可以看出，随着时间的推移，风电和光伏发电的发电成本下降十分明显。在基础发展情景、低碳发展情景和强化低碳情景中，风电成本分别从 2016 年的 0.392 元/(千瓦・时)、0.390 元/(千瓦・时)和 0.389 元/(千瓦・时)，分别下降到了 2040 年的 0.338 元/(千瓦・时)、0.320 元/(千瓦・时)和 0.304 元/(千瓦・时)；光伏发电成本分别从 2016 年的 0.730 元/(千瓦・时)、0.725 元/(千瓦・时)和 0.720 元/(千瓦・时)，分别下降到了 2040 年的 0.425 元/(千瓦・时))、0.389 元/(千瓦・时)和 0.351 元/(千瓦・时)。

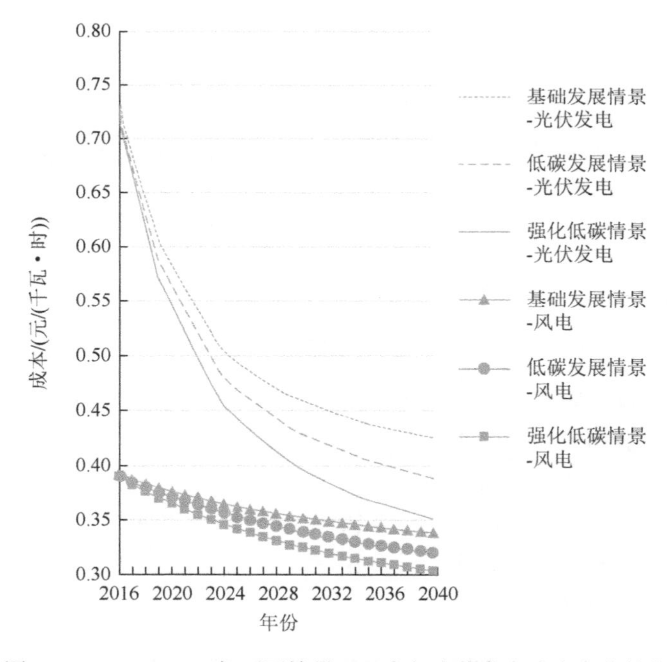

图 6-3　2016～2040 年不同情景下风电与光伏发电成本变化趋势

6.3.3　减排成本演变趋势分析

有了风电和光伏发电的度电成本预测数据，参照减排 CO_2 成本模型［式（6-1）］，便可以计算出风电和光伏发电减排成本的未来演变趋势。

煤电上网电价的变化与电煤价格密切相关，而电煤价格指数是全面、准确地反映我国电煤市场价格变化情况的价格指数。该指数以 2014 年 1 月为基期，2015 年底前按月试行发布，2016 年 1 月起正式按月发布。中国的电煤价格指数经过前期的波动之后，2016 年初从 326.67 回暖至 2016 年底的 534.92，在随后的连续两年多时间稳定在 500～550 区间内，除了季节性波动之外没有较大的变化。电煤价格指数的稳定也反映到了煤电上网电价上。煤电上网标杆电价在 2017 年迎来了 13 年来的最长执行期。在当前经济形势下，煤电标杆上网电价不调整，客观上有利于稳定市场预期，有利于稳定实体经济用能成本，有利于促进煤电行业供给侧结构性改革。那么可以预见在未来的较长一段时间内，随着煤电技术的进一步完善和煤电装机的精简化，作用逐渐向“低负荷运行或者深度调峰”转变的火力发电电价将趋于稳定。因此我们以 2016～2018 年底的全国煤电平均标杆电价 0.3644 元/(千瓦·时)作为未来一段时间的煤电上网电价。式（6-1）中的分母仍是以煤电生命周期碳排放减去风电或者光伏发电的生命周期碳排放。计算得出的风电和光伏发电减排成本的未来演变趋势如图 6-4 所示。

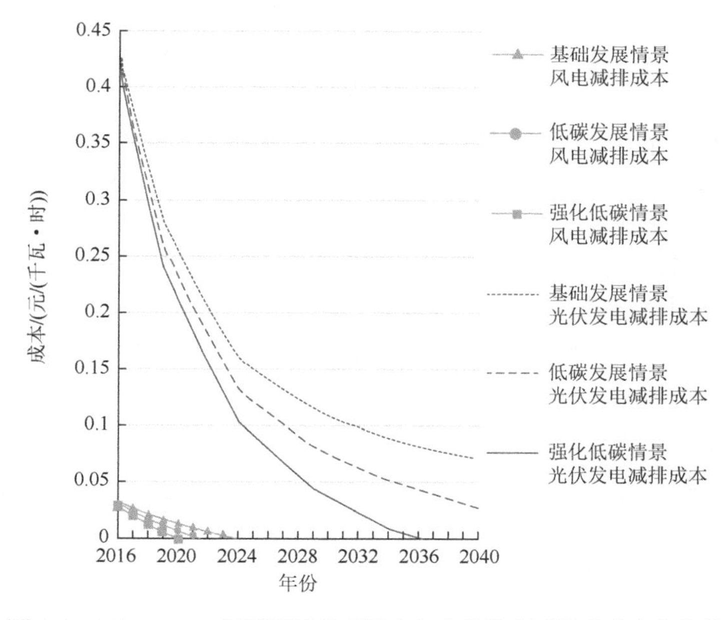

图 6-4　2016～2040 年不同情景下风电与光伏发电减排成本变化趋势

在基础发展情景、低碳发展情景和强化低碳情景下，风电减排成本分别在 2024 年、2022 年和 2021 年降至 0；而光伏发电减排成本则要晚许多，仅在强化低碳情景下可以在 2037 年降至 0。这与我国目前新能源发展的趋势也较为相符。风电目前已具备平价上网的可能性，部分地区也已经着手进行试点。国家能源局最新下发的通知已明确，从2019年起，各省区市新增核准的集中式陆上风电项目和海上风电项目应全部通过竞争方式配置和确定上网电价。这意味着执行了多年的风电标杆电价制度即将退出历史舞台，风电即将迎来全面竞价上网时代。而光伏发电的平价上网虽然要晚于风电，但以我国目前光伏产业规模化发展的速度来看，将有极大可能在预测年份之前摆脱政府补贴，迎来平价上网。

6.3.4　未来减排成本的不确定性分析

下面将考察哪些参数的不确定性对风电和光伏发电减排成本的不确定性的影响较大，即分析风电和光伏发电减排成本不确定性的关键来源。不确定性分析一般通过敏感性分析得到，敏感性分析是研究某种因素发生变化对某一个或某一组指标影响程度的不确定性分析技术。常用的敏感性分析软件为Oracle公司的Crystal Ball软件，是一款进行蒙特卡罗模拟的仿真软件。根据减排成本测算模型［式（6-1）］得到不确定性可能的来源参数，包括新能源装机容量、火电上网电价、单位火电排放和单位新能源发电排放。代入Crystal Ball软件中计算得到2020年、2030年和2040年各个参数不确定性对减排成本不确定性的贡献度（图6-5），其中风电减排成本由于较快降至0，因此只计算风电2020年的敏感度。从图6-5中可以看出，无论是风电还是光伏发电减排成本，其主要的不确定性均来自煤电上网电价，说明新能源减排成本主要取决于火电成本的变化；但随着时间推移，其对减排成本不确定性的贡献度会逐渐下降。影响光伏发电减排成本不确定性的次要因素在2020年和2030年为单位火力发电排放，但2040年时则变成了光伏装机，说明光伏发电的规模效应对减排成本的影响会随着时间推移更为显著。

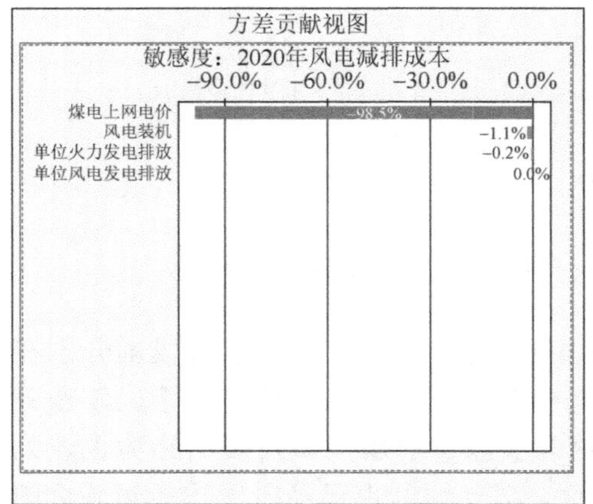

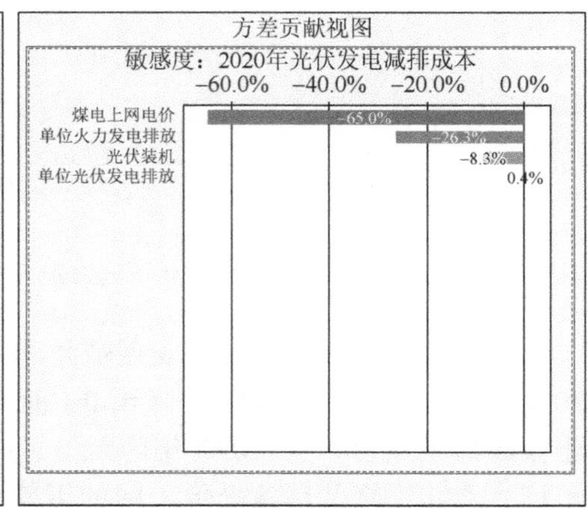

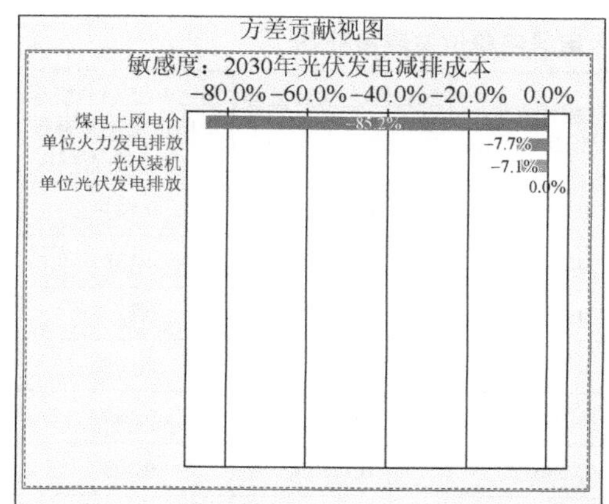

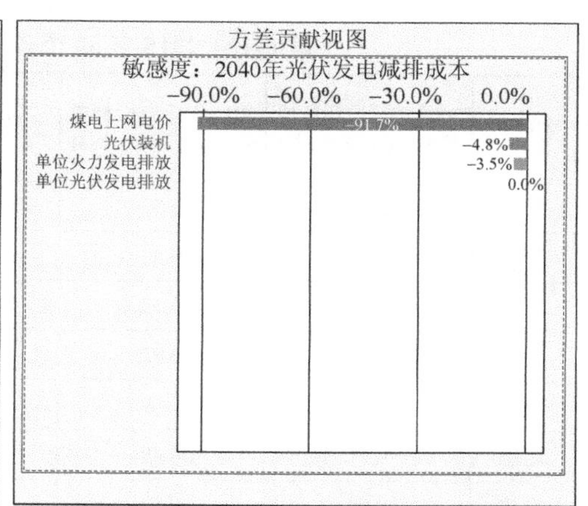

图 6-5　风电和光伏发电减排成本敏感性分析结果

6.4　电价补贴经济成本及其空间分异

在新能源发展的初期必定会存在成本过高而导致发电企业无法获得市场经济下的合理回报的问题，在节能减排、保护环境势在必行的大背景下，就需要通过政府补贴来解决这个价格差问题，从而对处于初级发展阶段的新能源产业起到保护作用，给予其充分的发展时间来降低成本直至其可以在市场经济下自主存活。我国在新能源的基础技术、设备制造、电场、电网、消费端等环节都有对应的补贴政策（杨帅，2013），本节主要讨论发电上网这一环节的补贴。新能源发电上网的补贴形式分为两种：大型电站是以标杆电价的形式，标杆电价与电站发电成本之间的差值就是每度电的补贴数；分布式能源则是以发电量全额收购的形式，每度电均给予相同的补贴数。本节主要关注大型电站的补贴成本。

6.4.1　风电补贴成本

在招标与审批电价并存的电价制定方式维持多年后，2009 年，国家发展改革委印发了《关于完善风力发电上网电价政策的通知》，明确分资源区制定陆上风电标杆上网电价，全国分为四类风能资源区，风电标杆电价水平分别为 0.51 元/(千瓦・时)、0.54 元/(千瓦・时)、0.58 元/(千瓦・时)和 0.61 元/(千瓦・时)。此后标杆电价经历多次变动，补贴逐年减少（表 5-3）。

按照“单位发电量补贴 = 风电标杆电价−当地煤电上网标杆电价”计算出 2015 年 30 个省区市（由于数据可得性，不包含西藏、香港、澳门、台湾的数据）风电单位发电量补贴（表 6-10）。需要注意的是 2015 年 1 月 1 日之后新建的装机容量与之前的历史装机容量使用不同的标杆电价，因而单位发电量的补贴也不同。

表 6-10　2015 年 30 个省区市风电单位发电量补贴

省区市	2009 年风电标杆电价/(元/(千瓦・时))	2015 年风电标杆电价/(元/(千瓦・时))	煤电标杆电价/(元/(千瓦・时))	2015 年之前装机容量单位发电量补贴/(元/(千瓦・时))	2015 年新增装机容量单位发电量补贴/(元/(千瓦・时))
北京	0.54	0.52	0.3754	0.1646	0.1446
天津	0.54	0.52	0.3815	0.1585	0.1385
河北	0.54	0.52	0.3943	0.1457	0.1257
山西	0.54	0.52	0.3538	0.1862	0.1662
内蒙古	0.51	0.49	0.3003	0.2097	0.1897
辽宁	0.51	0.49	0.3863	0.1237	0.1037
吉林	0.54	0.52	0.3803	0.1597	0.1397
黑龙江	0.54	0.52	0.3864	0.1536	0.1336
上海	0.51	0.49	0.4359	0.0741	0.0541
江苏	0.51	0.49	0.4096	0.1004	0.0804
浙江	0.51	0.49	0.4453	0.0647	0.0447
安徽	0.54	0.52	0.4069	0.1331	0.1131
福建	0.51	0.49	0.4075	0.1025	0.0825
江西	0.58	0.56	0.4396	0.1404	0.1204
山东	0.51	0.49	0.4194	0.0906	0.0706
河南	0.54	0.52	0.3997	0.1403	0.1203
湖北	0.54	0.52	0.4416	0.0984	0.0784
湖南	0.58	0.56	0.4720	0.1080	0.0880
广东	0.51	0.49	0.4735	0.0365	0.0165
广西	0.58	0.56	0.4424	0.1376	0.1176
海南	0.51	0.49	0.4528	0.0572	0.0372
重庆	0.61	0.61	0.4213	0.1887	0.1887
四川	0.61	0.61	0.4402	0.1698	0.1698
贵州	0.61	0.61	0.3709	0.2391	0.2391
云南	0.61	0.61	0.3563	0.2537	0.2537
陕西	0.58	0.56	0.3796	0.2004	0.1804
甘肃	0.51	0.49	0.3250	0.1850	0.1650
青海	0.54	0.52	0.3370	0.2030	0.1830
宁夏	0.54	0.52	0.2711	0.2689	0.2489
新疆	0.51	0.49	0.2620	0.2480	0.2280

得出不同时段装机容量适用的度电补贴后，再分别与不同时段的装机容量和 2015 年的风电有效运行时长相乘，便能够得到每年各省区市财政对风电支出的补贴金额（表 6-11）。计算时注意 2015 年新增装机容量适用于 2015 年 1 月 1 日调整后的标杆电价，之前的总容量适用于 2009 年公布的标杆电价。

表 6-11　2015 年 30 个省区市风力发电财政补贴

省区市	2014 年末装机容量/万千瓦	2015 年新增装机容量/万千瓦	2015 年前装机容量补贴/亿元	2015 年后装机容量补贴/亿元	总补贴/亿元	2015 年财政支出/亿元	2015 年补贴占财政支出比例/%
北京	15	0	0.42	0.00	0.42	5278.20	0.01
天津	29	0	1.02	0.00	1.02	3231.35	0.03
河北	963	84	25.37	1.91	27.28	5675.31	0.48
山西	455	223	14.38	6.29	20.67	3443.40	0.60
内蒙古	2100	335	82.13	11.85	93.98	4352.00	2.16
辽宁	608	34	13.39	0.63	14.02	4617.80	0.30
吉林	408	88	9.32	1.76	11.08	3217.10	0.34
黑龙江	454	0	10.60	0.00	10.60	4022.10	0.26
上海	37	25	0.55	0.27	0.82	6191.60	0.01
江苏	302	68	5.32	0.96	6.28	9681.47	0.06
浙江	73	28.7	0.89	0.24	1.13	6648.09	0.02
安徽	82	49	1.90	0.97	2.87	5230.38	0.05
福建	159	20	4.33	0.44	4.77	3995.77	0.12
江西	37	23	1.05	0.56	1.61	4419.89	0.04
山东	622	83	10.12	1.05	11.17	8249.15	0.14
河南	44	40	1.11	0.86	1.97	6806.46	0.03
湖北	77	49	1.46	0.74	2.20	6094.21	0.04
湖南	69.9	101	1.57	1.85	3.42	5684.50	0.06
广东	204	25	1.26	0.07	1.33	12801.64	0.01
广西	12	30	0.35	0.75	1.10	4076.42	0.03
海南	31	0	0.34	0.00	0.34	1241.49	0.03
重庆	10	23	0.40	0.92	1.32	3793.80	0.03
四川	29	58	1.16	2.32	3.48	7511.70	0.05
贵州	233	89	6.68	2.55	9.23	3930.21	0.23
云南	287	225	18.73	14.69	33.42	4712.90	0.71
陕西	84	42	3.39	1.53	4.92	4375.53	0.11
甘肃	1008	264	22.08	6.10	28.18	2964.63	0.95
青海	32	25	1.27	0.89	2.16	1505.54	0.14
宁夏	418	321	18.14	12.90	31.04	1138.18	2.73
新疆	774	743	30.16	26.61	56.77	3267.13	1.74

资料来源：各省区市历年风电装机容量数据来自《中国电力年鉴》，各省区市财政支出数据来自《中国统计年鉴》。

2015 年全国总计为风电提供补贴 388.57 亿元，其中 2015 年新增装机的发电量就占用了约 100 亿元的补贴，占总补贴金额的 25.74%。提供补贴最多的前五个省份是内蒙古、新疆、云南、宁夏和甘肃。这几个地区是风电规模化发展的排头兵，因此支出了最多的补贴。但新能源的补贴受到发展规模和财政能力的影响，需要看补贴对地方政府的财政支出造成了多大的负担。结合各省区市 2015 年的财政支出金额，求得 2015 年 30 个省区市风电补贴支出占财政支出的比例（表 6-11），在 ArcGIS 中绘制占比的示意图（图 6-6），从图 6-6 中可以看出，财政负担的大小大致呈现“北高南低”的态势，与风电减排成本图（图 6-1）相比最大的不同就是减排成本较高的沿海地区因为政府财政支出较为充裕，所以补贴负担较小，与财政相对拮据的“三北”地区呈现出鲜明对比。

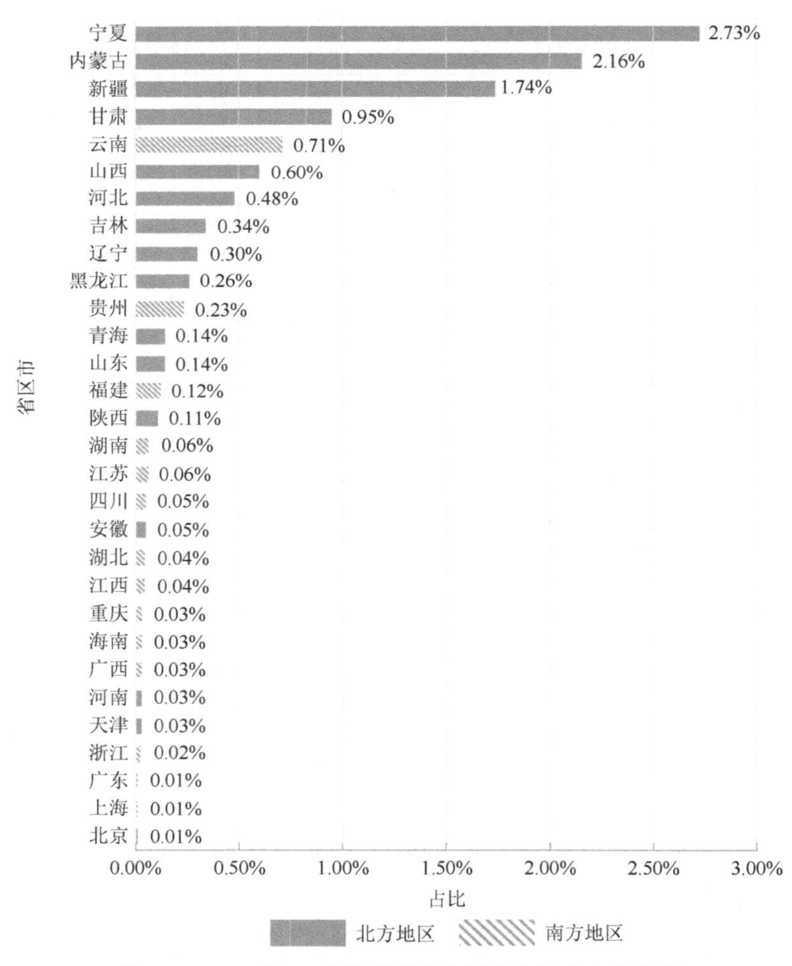

图 6-6　2015 年 30 个省区市风电补贴占财政支出比例

6.4.2　光伏发电补贴成本

2008 年金融危机爆发后，光伏发电的海外需求萎缩，为支持国内光伏发电产业的发展，“金太阳工程”正式开始实施，这可以看作国内光伏发电市场补贴的开端。“金太阳工程”属于事前补贴，即项目投资方拿到项目批复，建设项目即可拿到补贴，而不考虑具体的应用发电效果，具有较明显的政策漏洞，因此逐渐被电价补贴所替代。2013 年 8 月，国家发展改革委发布《关于发挥价格杠杆作用促进光伏产业健康发展的通知》，开始制定执行光伏电站的标杆电价政策，将光伏电站标杆上网电价高出当地燃煤机组标杆上网电价的部分，通过可再生能源发展基金予以补贴。分布式光伏则采用全电量补贴的政策。

根据表 6-5 的光伏标杆电价数据，按照“单位发电量补贴 = 光伏标杆电价–当地煤电上网标杆电价”计算出 2015 年 30 个省区市光伏发电单位发电量补贴（表 6-12）。需要注意的是，2014 年 1 月 1 日之后新建的装机容量与之前历史装机容量使用不同的标杆电价，因而单位发电量的补贴也不同。

表 6-12　2015 年 30 个省区市光伏发电单位发电量补贴

省区市	2011 年后装机标杆电价/(元/(千瓦・时))	2014 年后装机标杆电价/(元/(千瓦・时))	2015 年煤电标杆电价/(元/(千瓦・时))	2014 年之前装机容量单位发电量补贴/(元/(千瓦・时))	2014 年之后装机容量单位发电量补贴/(元/(千瓦・时))
北京	1.15	0.95	0.3754	0.7746	0.5746
天津	1.15	0.95	0.3815	0.7685	0.5685
河北	1.15	0.975	0.3943	0.7557	0.5807
山西	1.15	0.975	0.3538	0.7962	0.6212
内蒙古	1.15	0.925	0.3003	0.8497	0.6247
辽宁	1.15	0.95	0.3863	0.7637	0.5637
吉林	1.15	0.95	0.3803	0.7697	0.5697
黑龙江	1.15	0.95	0.3864	0.7636	0.5636
上海	1.15	1	0.4359	0.7141	0.5641
江苏	1.15	1	0.4096	0.7404	0.5904
浙江	1.15	1	0.4453	0.7047	0.5547
安徽	1.15	1	0.4069	0.7431	0.5931
福建	1.15	1	0.4075	0.7425	0.5925
江西	1.15	1	0.4396	0.7104	0.5604
山东	1.15	1	0.4194	0.7306	0.5806
河南	1.15	1	0.3997	0.7503	0.6003
湖北	1.15	1	0.4416	0.7084	0.5584

续表

省区市	2011 年后装机标杆电价/(元/(千瓦·时))	2014 年后装机标杆电价/(元/(千瓦·时))	2015 年煤电标杆电价/(元/(千瓦·时))	2014 年之前装机容量单位发电量补贴/(元/(千瓦·时))	2014 年之后装机容量单位发电量补贴/(元/(千瓦·时))
湖南	1.15	1	0.472	0.678	0.528
广东	1.15	1	0.4735	0.6765	0.5265
广西	1.15	1	0.4424	0.7076	0.5576
海南	1.15	1	0.4528	0.6972	0.5472
重庆	1.15	1	0.4213	0.7287	0.5787
四川	1.15	0.95	0.4402	0.7098	0.5098
贵州	1.15	1	0.3709	0.7791	0.6291
云南	1.15	0.95	0.3563	0.7937	0.5937
陕西	1.15	0.975	0.3796	0.7704	0.5954
甘肃	1.15	0.925	0.325	0.825	0.6
青海	1.15	0.925	0.337	0.813	0.588
宁夏	1.15	0.9	0.2711	0.8789	0.6289
新疆	1.15	0.925	0.262	0.888	0.663

得出不同时段装机容量适用的度电补贴后，再分别与不同时段的装机容量和2015 年的光伏发电有效运行时长相乘，便能够得到每年各省区市财政对光伏发电支出的补贴金额（表 6-13）。计算时注意 2015 年新增装机容量适用于 2014 年 1 月 1 日调整后的标杆电价，之前的装机容量适用于 2011 年公布的标杆电价。省区市内部年平均利用小时数不一致的，取二者平均数参与计算。

表 6-13　2015 年 30 个省区市光伏发电财政补贴

省区市	2013 年末装机容量/万千瓦	2014 年新增装机容量/万千瓦	2015 年新增装机容量/万千瓦	2014 年前装机容量补贴/亿元	2014 年后装机容量补贴/亿元	总补贴/亿元	2015 年财政支出/亿元	2015 年补贴占财政支出比例/%
北京	0	2.5	5	0.00	0.48	0.48	5278.20	0.01
天津	1.6	3.1	6	0.14	0.57	0.71	3231.35	0.02
河北	25.1	89.4	137.2	2.13	14.80	16.93	5675.31	0.30
山西	3.5	37.8	91	0.32	9.28	9.60	3443.40	0.28
内蒙古	136.8	148.6	49	16.39	17.41	33.80	4352.00	0.78
辽宁	2.3	4.7	7	0.22	0.84	1.06	4617.80	0.02
吉林	1	5.1	0	0.10	0.38	0.48	3217.10	0.01
黑龙江	1.1	0	0	0.10	0.00	0.10	4022.10	0.00

续表

省区市	2013 年末装机容量/万千瓦	2014 年新增装机容量/万千瓦	2015 年新增装机容量/万千瓦	2014 年前装机容量补贴/亿元	2014 年后装机容量补贴/亿元	总补贴/亿元	2015 年财政支出/亿元	2015 年补贴占财政支出比例/%
上海	0.7	8	0	0.05	0.44	0.49	6191.60	0.01
江苏	104.6	151.6	128	8.14	17.35	25.49	9681.47	0.26
浙江	18	31.8	64	1.16	4.87	6.03	6648.09	0.09
安徽	5	35	50.3	0.36	4.88	5.24	5230.38	0.10
福建	2.6	5.2	3	0.18	0.46	0.64	3995.77	0.02
江西	8.5	11.9	15	0.58	1.45	2.03	4419.89	0.05
山东	11.8	18.8	40	0.97	3.82	4.79	8249.15	0.06
河南	2	18.1	13	0.16	1.94	2.10	6806.46	0.03
湖北	4.8	3.8	42.9	0.32	2.43	2.75	6094.21	0.05
湖南	0.1	4.8	2	0.01	0.29	0.30	5684.50	0.01
广东	4.4	46.7	4	0.26	2.32	2.58	12801.64	0.02
广西	4.2	0.3	9	0.27	0.47	0.74	4076.42	0.02
海南	8.9	5	7	0.73	0.78	1.51	1241.49	0.12
重庆	0	0	0	0.00	0.00	0.00	3793.80	0.00
四川	3.3	2.1	29	0.27	1.82	2.09	7511.70	0.03
贵州	0	0	3	0.00	0.17	0.17	3930.21	0.00
云南	11	17.2	22	1.05	2.79	3.84	4712.90	0.08
陕西	6.3	25	48	0.54	4.87	5.41	4375.53	0.12
甘肃	429.8	87.5	130	47.96	17.65	65.61	2964.63	2.21
青海	348.1	64.3	131	40.61	16.48	57.09	1505.54	3.79
宁夏	155.1	18.3	134	19.77	13.89	33.66	1138.18	2.96
新疆	277.1	49	206	25.64	17.62	43.26	3267.13	1.32

资料来源：各省区市历年光伏装机容量数据来自《中国电力年鉴》，各省区市财政支出数据来自《中国统计年鉴》。

2015 年全国总计为光伏发电提供补贴 312.3 亿元，占据补贴金额前五位的地区是甘肃、青海、新疆、宁夏和内蒙古，不出意外都属于光伏发电发展最迅猛的地区。参照风电补贴在 ArcGIS 中绘制出 2015 年各省区市光伏发电补贴占财政支出比例示意图（图 6-7），可以看到呈现出较为明显的“西北高东南低”的态势。

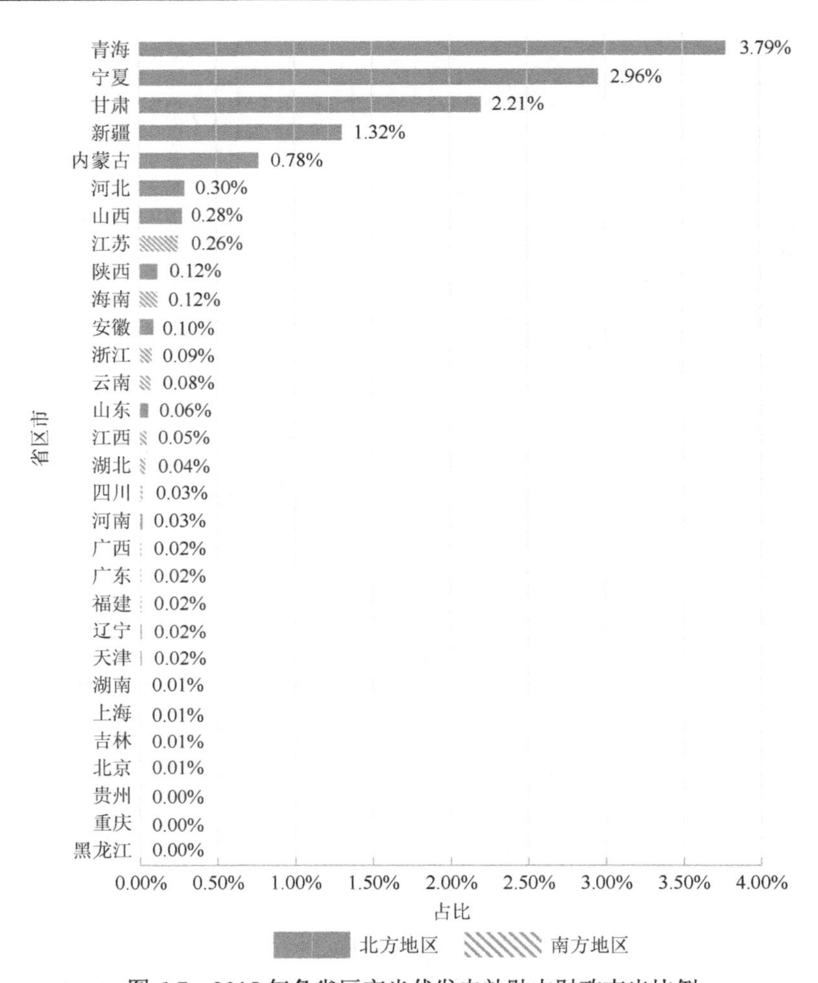

图 6-7　2015 年各省区市光伏发电补贴占财政支出比例

从财政部网站获知 2015 年全国用于节能环保的支出为 4814 亿元，而从本章的结果得到该年度仅用于风电和光伏发电的补贴支出就将近 701 亿元，占节能环保支出的 14.56%，补贴负担较为沉重。未来随着标杆电价的不断下调以及平价上网政策的推进执行，这笔支出会逐渐减少直至退出历史舞台，到那时新能源才能够完全自力更生地参与电力市场竞争。

6.5　本 章 小 结

发展新能源产业对实现碳减排有不可替代的贡献，但要达到这样的替代减排贡献需要付出一定的经济代价。本章通过构建新能源减排 CO_2 成本模型对这一问题进行了解答。

首先，本章建立起了减排 CO_2 成本测算模型，使用课题组调研的案例数据进行了 LCOE 的计算，并将结果推广到不同等级的风力资源区和太阳能资源区，测算出了不同省区市风电和光伏发电减排 CO_2 的成本。结果显示，风电减排 CO_2 成本较低的区域主要集中于东南沿海一带，中部与北部省份减排 CO_2 成本适中，西南省份减排 CO_2 成本最高，整体呈“西高东低”趋势；而光伏发电减排 CO_2 成本省级分异呈现高低交错态势，整体上略显“北高南低”，但远没有风电减排成本的“西高东低”趋势那么明显。

其次，本章运用学习曲线模型对主要新能源发电方式（光伏发电、风力发电、生物质发电）的度电成本进行建模和预测，进而预测新能源减排 CO_2 成本的未来演变趋势。结果显示：对于主要新能源的发电成本，在基础发展情景、低碳发展情景和强化低碳情景中，风力发电成本从 2016 年的 0.392 元/(千瓦 • 时)、0.390 元/(千瓦 •时)和 0.389 元/(千瓦 •时)，分别下降到了 2040 年的 0.338 元/(千瓦 • 时)、0.320 元/(千瓦 • 时)和 0.304 元/(千瓦 • 时)；光伏发电成本从 2016 年的 0.730 元/(千瓦 • 时)、0.725 元/(千瓦 • 时)和 0.720 元/(千瓦 • 时)，分别下降到了 2040 年的 0.425 元/(千瓦 • 时)、0.389 元/(千瓦 • 时)和 0.351 元/(千瓦 • 时)。按照这个发展趋势，在基础发展情景、低碳发展情景和强化低碳情景下，风电减排成本分别在 2024 年、2022 年和 2021 年降至 0；而光伏发电减排成本仅在强化低碳情景下可以在 2037 年降至 0。

最后，本章对风电和光伏发电的政府补贴支出进行了计算，并对政府承担补贴负担的省际差异进行了分析。结果显示，风电补贴财政负担的大小大致呈现“北高南低”的态势，减排成本较高的沿海地区因为政府财政支出较为充裕，所以补贴负担较小，与财政相对拮据的“三北”地区呈现出鲜明对比；光伏发电补贴财政负担则呈现出较为明显的“西北高东南低”的态势。

第7章　风电全生命周期温室气体排放分析

7.1　引　　言

人类经济和社会发展对化石能源的严重依赖，不仅造成能源供应日趋紧张，而且导致了全球气候变暖以及极端灾害天气等环境问题。在过去40年中，化石燃料的消耗和CO_2的排放量几乎翻了一番（AIE，2018）。为了减少化石能源的使用所产生的CO_2排放，利用可再生风能发电是一种有效方法（Herbert et al.，2007）。目前世界风电电量增长迅速，风电已成为发展最快的可再生能源技术（Chen et al.，2009）。IRENA数据显示，全球陆上和海上风电装机容量在1997～2018年中增长了近74倍，从1997年的7.5吉瓦跃升至2018年的564吉瓦，2016年风能占可再生能源发电量的16%（IRENA，2019）。IEA的《世界能源展望2019》中，预计2040年低碳能源将占总发电量的一半以上，其中风能将占到总发电量的15%以上（IEA，2019）。2019年是中国风电行业快速增长的一年，国家能源局的统计数据显示，2019年全年新增并网风电装机2574万千瓦，累计并网装机21 005万千瓦，其中陆上风电新增并网装机2376万千瓦，海上风电新增装机198万千瓦；陆上风电累计并网装机2.04亿千瓦，海上风电累计并网装机593万千瓦（王恰，2020）。习近平总书记于2020年12月12日在气候雄心峰会上发表讲话：到2030年，中国风电、太阳能发电总装机容量将达到12亿千瓦以上（新华网，2020），表明了中国对减缓全球变暖的努力与决心。

风电来源于可再生能源风能，在运行过程中不需要消耗化石能源和其他燃料，但从风电整个生命周期来看，仍需要不可再生资源的投入并且存在与之相关的温室气体排放以及其他有害物排放（An et al.，2021）。这些排放主要源自风电设备和风电场相关设施的生产、建设和安装，利用风电造成的对资源和环境的影响可通过生命周期评价方法进行量化。生命周期评价方法是通过确定生产过程中使用的能源和材料以及废物和排放物来评估项目建设对于环境的影响（Mendecka and Lombardi，2019），并且其还可以全面、细致地分析整个系统物质和能量的流动情况（Mello et al.，2020）。国外在风电的全生命周期研究中主要是利用生命周期评价方法对风电系统的环境影响和效益进行评价（Gkantou et al.，2020；Alsaleh and Sattler，2019；Gao et al.，2019；Kouloumpis et al.，2020），并与其他形式的可再生能源进行比较。Weinzettel等（2009）对海上浮动式风机进行全生命周期评估，并与现有的海上风力发电和天然气联合循环发电的生命周期评价研究进行了比较；Chipindula 等（2018）对得克萨斯州和墨西哥湾沿岸 3 个地点（陆上、浅海和深海）的风电场从各个阶段进行比较分析，发现由于海上风速较高，海上风电设施在电力生产方面具有优势，然而在基础和传输单元的建造过程中，需要更高的材料投入，会抵消这一优势，并导致海上风电场在生命周期的初始阶段产生更高的能量消耗和环境排放；Bhandari 等（2020）在生命周期评价理论下，对过去 20 年发表的有关风力涡轮机研究的数据，采用线性回归模型分析了全球变暖潜能与容量系数、额定功率、年发电量、轮毂高度和转子直径的关系；Schreiber 等（2019）对德国 3 兆瓦不同类型风力发电机组的生命周期进行了评估，包括三种最常安装的陆上风机类型：带双馈感应发电机的风机、电激励的直接驱动同步发电机和直接驱动的永磁同步发电机，结果表明使用直接驱动的永磁同步发电机的风机拥有最大的发展潜力。相较于欧美发达国家，中国针对生命周期评价领域展开的相关研究开始于 20 世纪 90 年代，起步时间相对较晚，主要应用领域集中在建筑业、农业和能源领域（张从光等，2018；王珊珊等，2019；王云等，2015；吴明等，2018），但在对风电的环境影响全生命周期评价方面，研究较少，主要有赵晓丽和王顺昊（2014）以装机容量为 49.5 兆瓦的扎鲁特旗风电场项目为研究对象，利用生命周期评价理论对各个阶段的碳足迹展开测算分析，并从碳减排效益角度出发对火电和风电两种不同发电项目的综合成本展开了研究分析；Wang 等（2019a）对中国的水电、核电和风电的生命周期温室气体排放量进行了评估，研究表明制造阶段是风能和水电对环境影响的最大贡献阶段；吴凡（2019）以新疆十三间房地区 49.5 兆瓦风电项目为研究对象，利用构建的风电项目全生命周期碳排放测算模型及生命周期评价综合数据清单对该风电项目的碳排放情况及碳减排潜力展开了实证分析。

虽然已有学者对海上和陆上风电场的减排效应进行了分别研究，但目前国内对海上和陆上风电系统的温室气体排放情况进行全面对比分析的研究较少，缺乏对海上和陆上风电场建设的全生命周期温室气体排放情况，以及污染物的排放对环境的具体影响的研究。海上和陆上风电场由于建设位置的不同，各自有不同的特点。与陆上风电相比，海上风电具有风能资源丰富、风电场靠近能源负荷中心、海面可利用面积广阔、不占用土地等优势，但是海上风力涡轮机需要额外的结构来固定浮动平台，这些额外生产的结构材料将释放额外的温室气体和污染物排放，这可能会抵消海上风能资源丰富的优势（Wang et al., 2019b）。本章使用 SimaPro 专业生命周期分析软件和 ReCiPe 2016 Midpoint（H）环境评价方法，并利用拥有丰富单元过程和高质量生命周期评价数据集的 Ecoinvent 数据库，旨在对比海上和陆上风电场建设的全生命周期的排放情况，其中包括温室气体排放对气候变化的影响，以及污染物的排放对环境的影响，定量评估海上和陆上风电系统在排放上的差异，并回答哪种风电模式更有利于节能减排。

7.2 全生命周期评价方法

7.2.1 系统边界

本章研究的海上和陆上风电场的系统边界包括风电场设备制造、风电场建设和安装、运输、维护以及拆卸和回收 5 个阶段。在整个生命周期模型中，本章选取了 0.1%的截止标准，去除了轻微影响的过程。

7.2.2 研究范围和功能单位

本章对比了两种规模的风力发电机在海上和陆上风电场全生命周期的温室气体排放情况，以及污染物排放对环境的影响，包括 2 兆瓦海上和陆上以及 3 兆瓦海上和陆上风电场。海上和陆上风电场都包括风机、风机基座、电缆以及变电站。在本章中，选取风力发电产生 1 千瓦·时电力为功能单元。基于该功能单元计算海上和陆上风电系统整个生命周期的输入资源、能耗和相对排放量。

7.2.3 模型假设

对于海上和陆上风电系统的生命周期温室气体排放对比研究，本章有以下 4 个假设。

部件生产的假设：风电场所有部件和设备都由国内生产，不包括来自国外运输的部件。

风电场规模假设：假设海上和陆上风电场的规模都是 100 兆瓦，则安装 2 兆瓦风机的风电场将安装 50 台风机，安装 3 兆瓦风机的风电场将安装 33 台风机。

风电场设施假设：每个风电场除了风机不同之外，风电场的配套设施、电缆和变电站相同，均配备有一个变电站。

风机寿命假设：假设风机的使用寿命为 20 年（Chipindula et al.，2018）。

7.2.4 清单分析

1. 设备制造阶段

本章所用的海上和陆上风电系统生命周期清单分析数据主要来源于 Vestas 公

司发布的研究报告（Vestas，2004，2005，2019）。设备制造阶段包括风机的生产、风电场电缆生产以及变电站设备制造等，设备制造阶段所需要的材料如表 7-1 所示。风力涡轮机主要由风机转子、机舱和塔架构成，对于相同容量的风力涡轮机，陆上风力涡轮机塔架的重量和高度大于海上风力涡轮机。为了简化研究，本章假设所有风电场均采用 24 千米的 33 千伏铝芯 PEX 电缆将生产的电力输送至变电站，电缆主要由铝、铜和高分子聚合物材料组成，从变电站将风电场与电网连接起来的电缆则采用 20 千米的 110 千伏铝芯 PEX 高压电缆，它们则主要由铝、铜和高分子材料组成。变电站为一座 60 兆伏的变电站，将风电场生产的电力输送至电网中。

表 7-1　海上和陆上风电场材料清单

阶段	材料	重量/吨			
		2 兆瓦陆上	2 兆瓦海上	3 兆瓦陆上	3 兆瓦海上
设备制造（风机）	钢铁	192.0	168.4	265.1	186.1
	铸铁	36.4	38.3	40.6	40.6
	玻璃纤维	18.4	18.8	19.8	19.8
	环氧树脂	9.4	9.5	10.0	10.0
	铜	3.9	4.1	4.4	4.4
	润滑油	0.9	0.9	1.0	1.0
	铝	0.2	0.2	0.2	0.2
	聚酯纤维	1.7	1.8	1.9	1.9
风电场建设和安装	碎石	939.0	192.0	939.0	192.0
	沙子	2228.0	469.0	2228.0	469.0
	混凝土	864.7	304.0	1164.7	404.0
	铸铁	27.0	9.0	36.0	12.0
	钢铁	5.1	5.7	15.1	11.0
	铝	0.8	0.8	1.1	1.1
	铜	0.3	2.8	0.4	4.3
	PVC	1.7	0.0	1.7	0.0
	铅	0.0	3.4	0.0	5.0
	PEX	0.0	0.5	0.0	0.8
维护	玻璃纤维	4.3	4.3	4.6	4.6
	环氧树脂	2.9	2.9	3.0	3.0
	钢铁	3.4	3.6	3.8	3.8

续表

阶段	材料	重量/吨			
		2 兆瓦陆上	2 兆瓦海上	3 兆瓦陆上	3 兆瓦海上
维护	铸铁	4.4	4.7	5.0	5.0
	铜	0.6	0.6	0.7	0.7
	润滑油	0.1	0.1	0.2	0.2
设备制造（电缆）	铝	157.0	157.0	157.0	157.0
	铜	40.0	40.0	40.0	40.0
	高分子聚合物	350.0	350.0	350.0	350.0
	玻璃纤维	1.0	1.0	1.0	1.0
设备制造（变电站）	钢铁	37.0	37.0	37.0	37.0
	铜	10.0	10.0	10.0	10.0
	高分子聚合物	1.0	1.0	1.0	1.0
	橡胶	3.0	3.0	3.0	3.0
	玻璃纤维	1.0	1.0	1.0	1.0
	电子设备	1.0	1.0	1.0	1.0
	润滑油	13.0	13.0	13.0	13.0

2. 风电场建设和安装阶段

风电场建设和安装阶段主要包括风电场地基的建设和设备的安装，地基材料主要有混凝土、铸铁，还有钢铁。地基材料中的钢铁和铸铁的使用是为了加固混凝土。海上和陆上风电场地基的主要差异在于地基所需的材料，陆上地基大多为混凝土，钢筋比例很小，而海上风机的地基则采用钢结构，旨在抵御浅水和深水风电场的特殊天气和环境的影响。

3. 运输阶段

在运输阶段，对于环境的影响主要是用交通运输工具将原材料运往工厂，并将主要部件运往风电场产生的。在全生命周期模型中，通过重量（千克）乘以距离（千米）来衡量运输阶段的物质和能量的消耗。在本章中，假设将原材料运至设备制造工厂的卡车运输距离为 600 千米，并假定地基所使用的混凝土材料的卡车运输距离为 50 千米；假设将设备制造工厂生产的主要部件运送至风电场的卡车运输距离为 625 千米，对于海上风电场，还增加了将设备从岸上运送到海上风电场位置的海上运输距离为 50 千米；假设生命周期的拆卸和回收阶段为就近区域回收，运输距离为 200 千米；假设生命周期中的维护阶段，每年维修人员往返的距离为 1500 千米。运输距离数据主要参考了 Vesta 公司的研究报告（Vestas，2004，2005，2019）和 Huang 等（2017）的有关海上风电场净能源分析中的数据。

4. 维护阶段

在风机运行的过程中，部件会发生磨损，特别是旋转部件，之前的生命周期评价研究结果表明，风电系统在运营与维护阶段的排放和能源消耗非常低，占总消耗的 2%左右（Davidsson et al.，2012）。本章中维护阶段包括日常的维护和检查，假定日常检查为每 3 周一次，维护工作包括每台风机在整个生命周期中齿轮箱和冷却系统中润滑油的更换，以及假设风机在整个生命周期中更换一次叶片和 15%的机舱部件。维修人员乘坐交通工具所消耗的能源算在运输阶段，在维护阶段不再重复计算。

5. 拆卸和回收阶段

风电系统生命周期的最终阶段是拆卸和回收阶段，这一阶段的主要目的是对达到寿命的设备进行拆卸和回收，以减少对环境的污染。为了正确评估风电场的全生命周期产生的温室气体和污染物排放，必须选取合适的拆卸和回收方法。本章假定所有的风电设施都将被拆除，包括电缆和变电站。假定风电设施中可回收利用的材料为钢铁、铜、铝等，回收率假定为 92%（表 7-2），塑料则被假定埋在地下或焚烧，风电场所用的其他材料如玻璃纤维和混凝土等则假定采用填埋的处理方式（Vestas，2019）。

表 7-2　废弃材料的回收和处理方法

材料	处理方式		
	回收率/%	焚烧率/%	填埋率/%
钢铁	92	0	8
铝	92	0	8
铜	92	0	8
塑料	0	50	50
其他材料	0	0	100

7.2.5　生命周期环境影响评估方法

生命周期评价法量化了产品生命周期的排放对于环境的影响，一个产品的整个生命周期关系到很多资源的利用和生产过程中的排放，这都会对环境造成影响。

全生命周期的影响评估是将这些排放和资源的利用转化为特定的环境影响分数，来定量评估产品的全生命周期对环境产生的影响（Haapala and Prempreeda，2014）。这种定量评估是依靠特征因子来完成的，其中特征因子是表征单位压力源环境影响的指标，目前计算特征因子的方法主要有两种：中点方法和终点方法。这两种方法是互补的关系，中点方法与环境流的关联性更强，并且有相对较低的不确定性，而终点方法提供了与环境流的环境相关性的更好结果，但也比中点方法计算出的特征因子具有更高的不确定性（Hauschild and Huijbregts，2015）。为了评估风电场全生命周期的污染物排放对环境的影响，本章选取了 ReCiPe 2016 Midpoint（H）评价方法，该方法考虑了全球变暖 100 年时间范围的影响，时间跨度为中等时间范围，并比较了风电场全生命周期排放的污染物对环境的 13 种影响类别［平流层臭氧消耗、电离辐射、臭氧形成（人类健康）、细颗粒物、臭氧形成（陆地生态系统）、土地酸化、淡水富营养化、海洋富营养化、土地生态毒性、淡水生态毒性、海洋生态毒性、致癌毒性、非致癌毒性］的结果。

7.2.6 能源回收时间

能源回收时间是决定可再生能源发电场可持续性的重要指标。它描述了在发电场的整个生命周期中补偿风电场建设所消耗一次能源所需要的时间。在这种情况下，风电场无须额外的能源投入就能发电，以补偿生产、使用和处理过程中的能源支出（Li et al.，2020）。能源回收时间（月）通过风电场建设所消耗的总能源（千瓦·时）除以风电场每年生产的电力（千瓦·时）计算得到。能源回收时间越短，表明能量的输入和输出可以在短时间内平衡，经济效益越好。对于风电场每年产生的电力，本章假定陆上风电场风机每年运行时间为 2630 小时，海上风电场风机每年运行时间为 4743 小时（Vestas，2005）。

7.3 结果与分析

7.3.1 全生命周期温室气体排放

根据温室气体每千瓦时的排放量（克/(千瓦·时)）的评价方式，本章计算得到了不同功率的海上和陆上风电场全生命周期的温室气体（greenhouse gases，GHG）排放情况，并通过 ReCiPe 2016 Midpoint（H）评价方法计算得到了风电场全生命周期温室气体排放的全球增温潜势（global warming potential，GWP），其计算方法是按照 IPCC 第五次报告的全球增温潜势计算方法折算 CO_2 当量（Huijbregts et al.，2016）。本章用 GWP 指标衡量风电场全生命周期温室气体的排放水平，模型结果表明在给定风电场总的 100 兆瓦发电规模的情况下，2 兆瓦陆上和海上、3 兆瓦陆上和海上风电场全生命周期温室气体排放量分别为 4.02 克 CO_2/(千瓦·时)、1.69 克 CO_2/(千瓦·时)、3.23 克 CO_2/(千瓦·时)和 1.28 克 CO_2/(千瓦·时)，无论陆上还是海上风电场，其全生命周期的温室气体排放量均小于传统的火力发电的温室气体排放量 1050 克 CO_2/(千瓦·时)（丁宁等，2016）。同时温室气体的排放量与风机的功率成反比，并且在相同功率风机的情况下，海上风电场的温室气体的排放量比陆上风电场要少，这与海上风力资源比陆上风力资源更加丰富、海上风机的满载时间比陆上风机要长有关。

从整个生命周期模型的阶段来看，风机的生产所产生的温室气体排放占到所有流程中温室气体排放的 40%以上（图 7-1），其次是风电场建设和安装阶段，运输阶段对于温室气体排放的贡献仅占约 7%，拆卸和回收阶段对于减少温室气体排放的贡献巨大，减少了风电场全生命周期约 35%的温室气体排放，这主要是因为本章的全生命周期模型在拆卸和回收阶段对风电场主要的金属原材料采取了回收利用的假设。全生命周期阶段中，海上和陆上风电场建设和安装阶段差异较大，陆上风电场建设和安装阶段的温室气体排放量的贡献率约为 13%，而海上风电场建设和安装阶段的温室气体排放贡献率要小于陆上风电场，约为 8%，这是因为陆上风电场和海上风电场所处的环境不同，所使用的地基材料有差异，陆上风电场的地基材料大量使用混凝土，而海上风电场的地基材料则主要使用钢铁，本章在拆卸和回收阶段对钢铁采取了回收利用的假设，减少了海上风电场在施工和建设阶段的温室气体排放量。

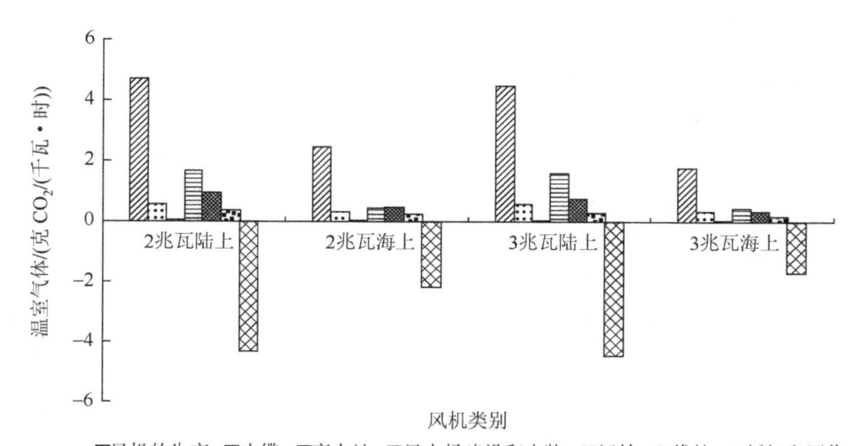

图 7-1　风力发电全生命周期主要阶段温室气体排放量

7.3.2 全生命周期污染物排放的环境影响

对于四个风电场全生命周期污染物排放的环境影响方面，总体上相同机型的100兆瓦海上风电场比陆上风电场建设所排放的污染物产生的环境影响要小（表7-3），3兆瓦机型的100兆瓦风电场要比2兆瓦机型的100兆瓦风电场污染物排放的环境影响小；但在水体的富营养化影响方面出现了反差，海上风电场对于淡水水体的富营养化影响要大于陆上风电场，并且海上风电场对于海洋富营养化的影响也大于或等于陆上风电场；在风电场污染物排放对人类的非致癌毒性方面，同样出现了海上风电场的影响要大于陆上风电场的情况。

表7-3 陆上和海上风电场全生命周期污染物排放的环境影响

影响类别	单位	2兆瓦陆上	2兆瓦海上	3兆瓦陆上	3兆瓦海上
平流层臭氧消耗	千克 CFC_{11}/(千瓦·时)	12.02	9.27	9.13	6.76
电离辐射	千克Co-60/(千瓦·时)	1.38×10^5	9.97×10^4	1.08×10^5	7.23×10^4
臭氧形成（人类健康）	千克氮氧化物/(千瓦·时)	82 574.35	60 647.10	64 224.92	44 252.25
细颗粒物	千克 $PM_{2.5}$/(千瓦·时)	34 224.84	30 863.72	27 239.53	23 155.74
臭氧形成（陆地生态系统）	千克氮氧化物/(千瓦·时)	84 825.01	62 582.25	66 044.59	45 619.40
土地酸化	千克 SO_2/(千瓦·时)	75 407.39	69 865.36	59 575.09	53 052.25
淡水富营养化	千克磷/(千瓦·时)	1 676.42	2 047.19	1 394.78	1 657.49
海洋富营养化	千克氮/(千瓦·时)	155.84	154.81	50.46	133.79
土地生态毒性	千克1,4-二氯苯/(千瓦·时)	1.79×10^8	1.69×10^8	1.42×10^8	1.33×10^8
淡水生态毒性	千克1,4-二氯苯/(千瓦·时)	72 591.33	69 253.62	54 098.49	49 167.84
海洋生态毒性	千克1,4-二氯苯/(千瓦·时)	1.26×10^5	1.12×10^5	1.01×10^5	8.67×10^4
致癌毒性	千克1,4-二氯苯/(千瓦·时)	5.72×10^5	4.69×10^5	5.16×10^5	3.52×10^5
非致癌毒性	千克1,4-二氯苯/(千瓦·时)	3.78×10^6	4.44×10^6	3.02×10^6	3.61×10^6

从全生命周期模型的阶段来看，对于陆上风电场来说，污染物的排放对环境的负面影响中风机的生产占最主要的部分，占整个生命周期影响的 50%以上（图 7-2），造成这种影响的主要驱动力是风机设备制造的基础材料需要大量的钢铁，而钢铁的生产所排放的污染物对环境会产生较大的负面影响。由于本章采用了对金属材料 92%的回收利用假设，在生命周期最后的拆卸和回收阶段，钢铁的回收利用减少了风电场全生命周期污染物对环境的影响。风电场建设和安装、电缆和变电站设备的制造、维护和运输阶段污染物排放较少，所产生的环境影响效果较小。相比于 2 兆瓦的风电场，3 兆瓦的风电场在拆卸和回收阶段对于减少海洋富营养化影响要更大一些，这可能与 100 兆瓦风电场在相同发电量下，使用更大功率的发电机可以减少钢材和混凝土量有关。

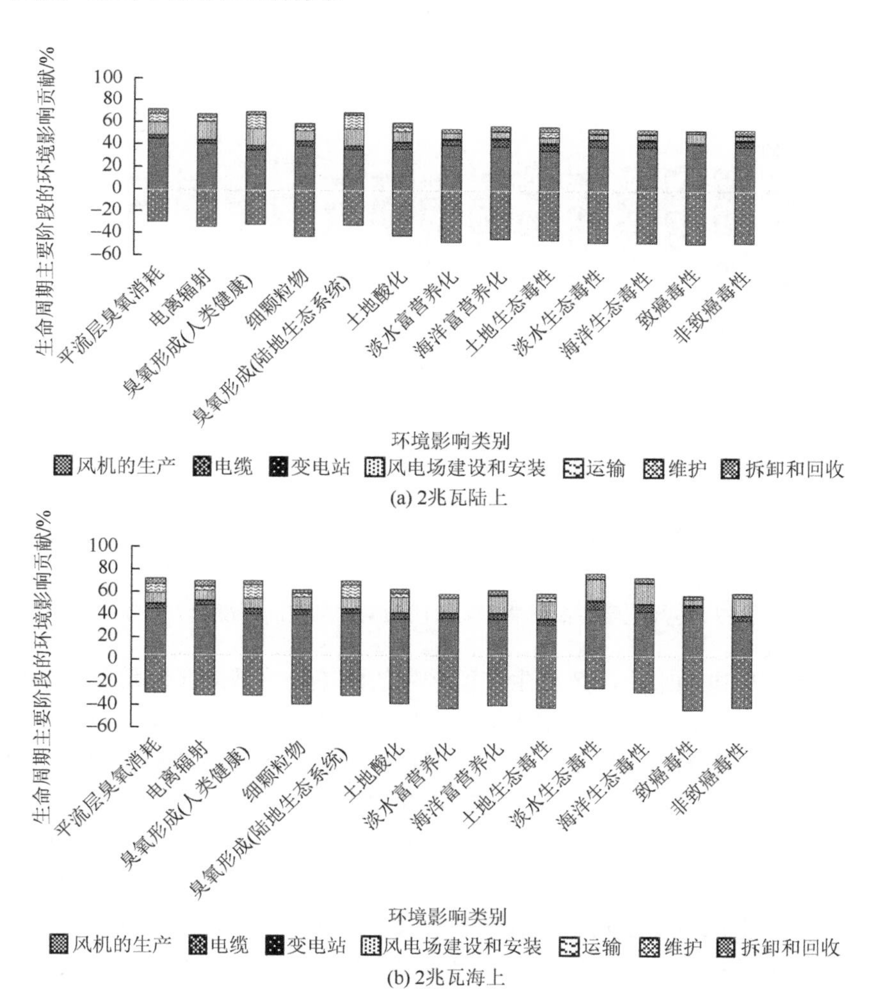

(a) 2兆瓦陆上

(b) 2兆瓦海上

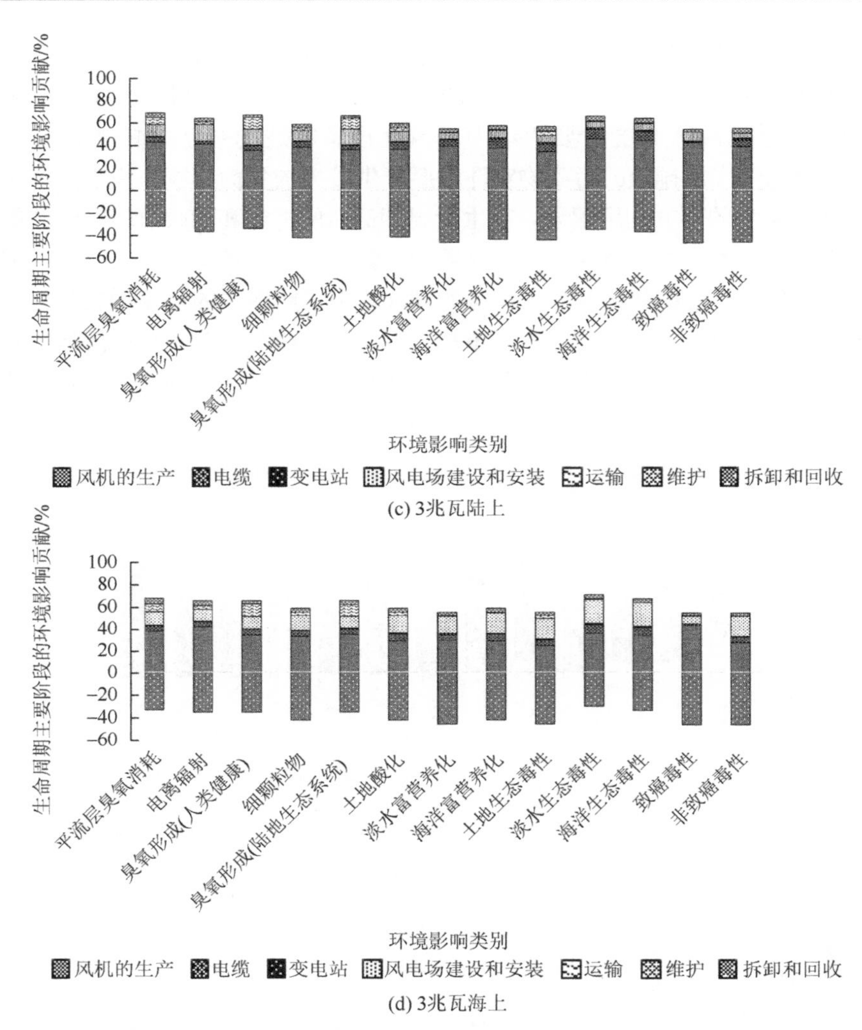

(c) 3兆瓦陆上

(d) 3兆瓦海上

图 7-2　风电全生命周期主要阶段污染物排放的环境影响贡献

对于海上风电场来说，风机生产所产生的污染物排放对于环境的影响仍然是最大的，而且由于海上风电场相比于陆上风电场建设混凝土量使用得更少，钢材的使用对于环境影响的占比增大了，而钢材是风机生产的主要原材料，所以风机生产的环境影响高于陆上风电场。同时本章假设在拆卸和回收阶段仅对金属材料进行回收，混凝土材料采用填埋处理，金属材料在海上风电场占使用的所有材料的比例比陆上风电场高，造成海上风电场在拆卸和回收阶段对环境有更大的正向影响。由于海上风电场比陆上风电场多了海上运输的阶段，在运输阶段的环境影响稍大于陆上风电场。在水体富营养化影响方面，海上风电场建设和安装阶段对水体富营养化的影响占到了 20%以上，而陆上风电场仅占 10%以下，这也与海上风电场建设和安装阶段中地基建设中混凝土的使用量大大减少，而钢材的使用量增加有关，钢材生产过程中，会排放含氮磷的污水，氮磷过剩会引起水体富营养化，使水域生态系统营养过剩，导致浮游藻类产量增加，水质恶化。风电场部件生产和建设过程中造成水体营养过剩，导致水生物种多样性下降也是海上风电场建设需要考虑的一个重要因素。

7.3.3　能源回收时间

能源回收时间是指使风电场生产的能源与建设风电场的整个生命周期所消耗的能源相等的时间。较短的能源回收时间表明能量的输入和输出可以在短时间内平衡，能源回收时间越短，风电场净生产的能量就越多，所以从经济效益角度考虑，能源回收时间越短越好。在假设的陆上风机和海上风机每年等效满负荷时间分别为 2630 小时和 4743 小时的情况下，结果显示风机的功率越大，风电场的能源回收时间越短（表 7-4），在相同功率风机的情况下，海上风电场的能源回收时间比陆上风电场要短，所以与安装小功率风机相比，安装大功率风机更具有优势，同时，建设海上风电场的风机满负荷时间更长，相比于陆上风电场能源回收时间也更短。

表 7-4　风电场能源回收时间

型号	能源回收时间/月
2 兆瓦陆上	6
2 兆瓦海上	4
3 兆瓦陆上	4
3 兆瓦海上	2

7.3.4　敏感性分析

本节从风电场发电量和风力发电机寿命两个角度出发，分析这两个参数变化对风电场温室气体排放量的影响。为了分析风电场发电量变化的敏感性，所有其他因素都假定为常数。假设所研究的风力涡轮机产生的能量有满载和不满载两种时间假设，满载是指每台 2 兆瓦、3 兆瓦风机全年运行，每年分别产生 17 520 兆焦、26 280 兆焦能量，不满载的情况是指由于风能实际的波动性，风机不会全年运行，2 兆瓦风机陆上风电场每年产生 5260 兆焦能量、海上风电场每台风机每年产生 9486 兆焦能量，3 兆瓦风机陆上和海上两种情况，每年分别产生 7890 兆焦、14 230 兆焦能量。从不满载到满载，陆上风电场的发电量变化最大，增加了 233%（图 7-3），相应的温室气体排放量减少得也最多，减少了 70%；对应的海上风电场发电量从不满载情况到满载情况下，发电量增加了 85%，温室气体排放减少了 46%。

风力发电机的总寿命对每千瓦时发电量的环境负担有成比例的影响。本章所研究的风力涡轮机的寿命假设为 20 年。在图 7-4 中，显示了 15 年和 25 年运行条件相同的相同风力涡轮机的全球变暖影响的变化。除寿命外，其他影响因素保持不变。延长使用寿命会增加维护和操作排放，而制造、施工和运输以及最终拆卸和回收阶段的排放保持不变。延长寿命会导致更高的温室气体排放，但是会产生更多的电能。发电量增加的影响超过了环境负担的增加，因此从整个生命周期来看，增加风机的寿命有助于降低每千瓦时的温室气体排放，从而降低温室效应的影响。

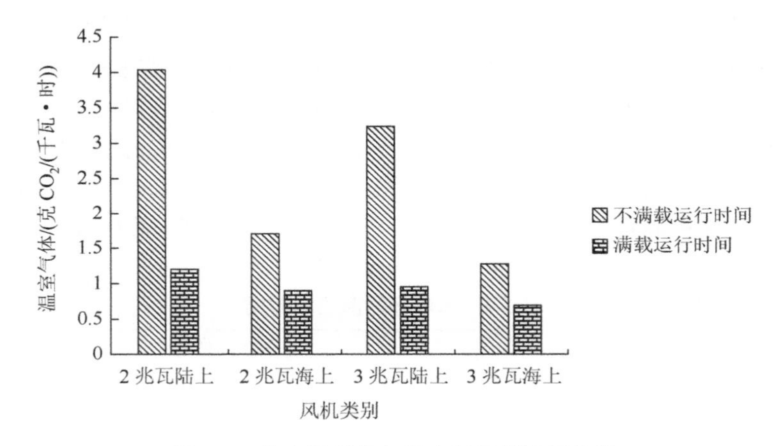

图 7-3　发电量变化与温室气体排放的比较

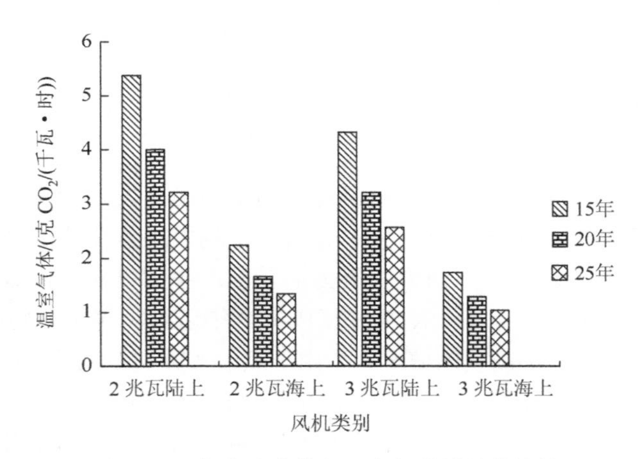

图 7-4　风机寿命变化与温室气体排放的比较

7.4　结论与讨论

7.4.1　结论

风力发电过程虽然不会排放温室气体和污染物，但从风电场全生命周期角度分析，在设备制造、运输、安装、运行、废弃等环节也会产生一定量的温室气体和污染物的排放，因此风力发电并不是零排放的电力能源。本章利用全生命周期评估理论以及 ReCiPe 2016 Midpoint（H）环境评价方法，对比研究了 100 兆瓦海上和陆上风电场，配备不同功率的风机，在全生命周期中的温室气体排放量以及污染物的排放对于环境产生的影响，得出如下结论。

（1）在温室气体排放方面，海上风电场全生命周期排放量平均为 1.49 克 CO_2/(千瓦·时)，要低于陆上风电场平均排放量 3.62 克 CO_2/(千瓦·时)，但都远远小于火力发电的温室气体排放量。

（2）在海上和陆上风电系统运行时间均为满载以及风机功率相同的情况下，海上风电系统的温室气体排放量低于陆上风电系统；相同位置的风电场，风机功率越大，温室气体排放量越低。

（3）风机的生产所产生的温室气体排放占所有流程温室气体排放的 40%以上，同时风机生产所排放的污染物对于环境产生的负面影响最大，占整个生命周期影响的 50%以上，造成这种影响的主要驱动力是风机设备制造的基础材料需要大量的钢铁，而钢铁的生产对于环境会产生较大的负面影响。

（4）风机的寿命以及风机的满载时间会对生命周期的温室气体排放量和污染物排放量有影响，风机的寿命越长、满载时间越长，温室气体排放量和污染物排放量将越少。

（5）海上风电场以及大功率的风机将更有利于减少温室气体排放量和环境污染，从降污和减排的角度来看，海上风电系统将更具有竞争优势。

7.4.2　讨论

风电系统全生命周期的排放影响除了温室气体以及其他有害的排放以外，风力发电对于局地和全球的气候还会造成一定的影响，根据前人的研究发现：一方面，风机的架设改变了原有空气动力学粗糙度高度，加强了下垫面对湍流的阻挡作用，直接影响边界层湍流运动，改变了原有陆地表面和近地层大气之间的物质能量和水分交换的强弱程度和模式，影响大气环流和气候（Keith et al.，2004；Solaun and Cerdá，2020；Wang and Prinn，2010；胡菊，2012）；另一方面，由于风力涡轮机将一部分风动能转化为电能，产生风机尾流效应，改变了边界层中大尺度运动动能的收支模式与时空分布，导致大气各种通量（热量通量和水汽通量等）的变化，对温度、降水和风速等产生影响（Fitch，2015；Xia et al.，2017；Sun et al.，2018；Pryor et al.，2020）。此外，风电场的建设还可能破坏动物栖息地、造成鸟类碰撞和产生噪声等一些环境影响和生态损害（许遐祯等，2010；Fox and Petersen，2019；李国庆等，2016；Lee et al.，2011；Poulsen et al.，2019），但是在全球气候模式中的模拟结果表明，风电场对全球气候的平均影响很小，其影响远远小于温室气体排放引起的预期变化和自然气候的年际变化，并且对动植物生态环境的影响可以采取相应的一些措施，如严格把控风电场选址以及实时监控等，以减缓这些不良影响（蒋俊霞等，2019）。由于风电的环境影响涉及面较广，所以本章对于海上、陆上风电系统的研究仅涉及风电场全生命周期的温室气体以及其他污染物的排放情况，对于风电场建设对动植物生态环境的负面影响，暂时没有考虑。虽然风电系统对气候的影响较小，但量化风电系统对气候和对动植物栖息环境的影响，更全面地评估风电系统的全生命周期的环境影响，仍然是未来研究的突破方向。

第 8 章　结论、展望与政策建议

8.1　结　　论

能源需求激增和温室气体排放是我国面临的两大重要难题，新能源的利用和低碳经济的发展无疑是解决这两大问题的重要途径。与欧美国家相比，我国的新能源产业起步不久，发展中必定会存在或多或少的问题。针对这样的背景，本书基于中国社会经济发展历史数据，建立了包含终端需求模块、能源转化模块、环境影响评价模块三大模块的中国 LEAP 模型，并从不同节能减排政策出发，研究了基础发展情景、低碳发展情景和强化低碳情景三种情景下我国 2016～2040 年的能源需求结构变化、发电端结构变化等，最后针对主要新能源（风电和光伏）发展的减排成本和补贴成本进行了测算，并提出了一些针对性的政策建议。本书主要得出了以下一些结论。

（1）以 2015 年为基准年，基于 LEAP 模型对我国 2016～2040 年的能源需求进行了预测。在基础发展情景、低碳发展情景和强化低碳情景下，总能源需求分别在 2029 年、2029 年和 2028 年达到 63.24 亿吨标准煤、57.91 亿吨标准煤和 54.50 亿吨标准煤的峰值后逐渐下降。

（2）在 LEAP 模型的能源转化模块针对风电、光伏发电、生物质发电、火电、水电与核电等的能源转化进行了分析。结果显示，基础发展情景、低碳发展情景和强化低碳情景下，我国 2030 年的总发电装机量容为 28.51 亿千瓦、29.35 亿千瓦和 33.84 亿千瓦，2040 年的总发电装机容量为 29.88 亿千瓦、35.31 亿千瓦和 46.95 亿千瓦。三种情景下，2030 年新能源发电量占总发电量的比重分别为 19.51%、31.96%和 46.55%。

（3）对新能源发展对于能源消费结构改善的贡献进行了测算。在基础发展情景、低碳发展情景和强化低碳情景下，2030 年非化石能源消费量分别占到一次能源消费量的 19.65%、21.49%和 22.89%，2040 年非化石能源消费量分别占到一次能源消费量的 25.42%、28.53%和 30.84%。可见新能源发展对能源消费结构的改善贡献良多。

（4）构建新能源减排 CO_2 成本模型，测算出了不同省区市风电和光伏发电减排 CO_2 的成本。结果显示，风电减排 CO_2 成本较低的区域主要集中于东南沿海一带，中部与北部省份减排 CO_2 成本适中，西南省份减排 CO_2 成本最高，整体呈“西高东低”趋势；而光伏发电减排 CO_2 成本省级分异呈现高低交错态势，整体上略显“北高南低”，但远没有风电减排成本的“西高东低”趋势那么明显。未来随着风电和光伏发电成本的降低，风电减排成本在三种情景下分别在 2024 年、2022 年和 2021 年降至 0，而光伏发电减排成本仅在强化低碳情景下可以在 2037 年降至 0。除了减排成本外，还对政府补贴风电和光伏发电的经济成本进行了测算，并分析了其省际差异。

8.2 展　望

本书借鉴资料有限，而且能源方面的数据获取难度较大，研究中也存在一些问题和不足需要改进。

（1）由于研究的侧重点是新能源发展和碳减排，因此本书在能源需求预测方面就避开了较为烦琐的子部门能效细化工作，从而未能得到真正意义上自下而上的需求预测结果。若能完成这部分工作，将会使需求部分的预测与实际能源消耗情况更加贴切，最终得出的结论也更加可靠。

（2）碍于研究时间和研究数据不足，整个研究不得已忽略了地热能、潮汐能等目前发展规模较小的发电形式，以及除电力以外的其他新能源利用形式，如生物燃料和太阳能供暖等。同时，在新能源成本预测部分只计算了风电和光伏发电的未来成本变化，生物质发电由于数据不足没能计算。在后续研究中需要将这些忽略的部分囊括进来，提高整个研究的完整性。

（3）未来可以参考欧盟可再生能源目标的分解措施对我国的省际新能源发展进行规划，做到将国家层面的中长期新能源发展规划目标有效地、公平地分配到各省区市。具体实施起来不仅要考虑各省区市的新能源开发潜力是否足够，还需要考虑各省区市的经济发展状况、省际利益关系等，因篇幅与时间关系，这些在本书中未能展开研究，未来会继续将其完成。

8.3 政策建议

按照本书的结果，我国到 2030 年能源消耗量将达到 50 亿～60 亿吨标准煤，如此高的能源消耗，给我国的可持续发展带来了严峻的挑战，需要从多方面努力来实现降污、减排，如优化能源结构、发展低碳技术、完善碳交易市场等。本书针对新能源发展提出以下几点政策建议。

1）加快通道建设，解决弃水、弃风、弃光问题

加快西南地区水电、西北地区风电和太阳能发电外送通道建设，抓紧解决局部地区的水电、风电、光伏（热）发电送出受限问题。2015 年前后，我国弃水、

弃风、弃光现象较严重，国家能源局的数据显示，2017 年前三季度，我国弃风、弃光率分别为 12%和 5.6%，整体虽较 2016 年有所下降，但局部地区弃风、弃光现象仍然存在，尤其是弃风问题，甘肃、新疆、吉林、内蒙古 2017 年前三季度弃风率分别高达 33%、29.3%、19%和 14%（国务院发展研究中心，2017）。造成这一现象的原因有很多，如项目建设盲目、煤电机组挤占空间等，但很重要的一点就是这些地区的电力外送能力远远不能匹配当地的发电规模，这也是本课题组调研过程中最主要的感受之一。国家发展改革委和国家能源局于 2017 年 11 月印发《解决弃水弃风弃光问题实施方案》，其中提出，到 2020 年在全国范围内有效解决弃水、弃风、弃光问题，加强可再生能源开发重点地区电网建设，加快推进西南和“三北”地区可再生能源电力跨省跨区配置的输电通道规划和建设，优先建设以输送可再生能源为主且受端地区具有消纳市场空间的输电通道。在瓜州调研过程中，本课题组已感受到了这一政策的部分成效，即“酒泉—湖南±800 千伏特高压直流输电工程”。该工程 2017 年成功投运，每年可输送 400 亿千瓦·时电量入湘，能满足整个湖南省四分之一的用电需求，为酒泉千万千瓦级风电基地的电力外送开辟了主要通道，破解了电力输出瓶颈。

2）积极拓宽新能源发电的就地消纳渠道

严格执行风电投资监测预警和光伏发电市场环境监测评价结果等监测办法，在落实电力送出和消纳的前提下有序组织风电、光伏发电项目建设。目前新能源的就地消纳存在点对点消纳、直接交易、发电权转让三种模式。点对点消纳模式是以新能源电力替代燃煤锅炉，由新能源发电企业给予电锅炉、电采暖用户让利补助；直接交易模式是通过光伏发电企业与电石、化工、新材料等工业企业达成消纳协议，由新能源发电企业对用户的新增用电量按全额电量计算让利；发电权转让模式是把当地火电厂腾出的发电空间由新能源发电企业增发。调研过程中发现，瓜州县已经在就地消纳上迈出了坚实的一小步。2017 年 3 月 6 日，全甘肃省第一个大型风电供暖试点项目在瓜州县投用，可实现供暖 100 万平方米，就地消纳电量 1.5 亿千瓦·时。

3）继续推进风电、光伏发电的平价上网

积极推进无补贴风电、光伏发电项目建设，率先在资源条件好、建设成本低、市场消纳条件落实的地区，确定一批无须国家补贴的平价或者低价风电、光伏发电项目。财政激励一直是我国新能源行业快速发展的重要原因。从 2006 年开始征收的新能源电价附加收入是补贴资金的主要来源，但自 2012 年以来，受各种因素影响，补贴资金每年都存在缺口，且缺口正逐年扩大。国家发展改革委和国家能源局在 2019 年初发布《关于积极推进风电、光伏发电无补贴平价上网有关工作的通知》，对平价上网项目和低价上网试点项目的建设做出了指导。2018 年 12 月 29 日，由中国三峡集团新能源公司投资建设，总装机规模 500 兆瓦，占地 771 公顷，总投资约 21 亿元的平价上网光伏项目在青海格尔木正式并网发电，这是国内首个大型平价上网光伏项目。未来随着越来越多的平价上网项目成为电力市场主流，新能源产业的良性发展才算真正形成。

4）积极推进电力市场化交易

按照《关于积极推进电力市场化交易 进一步完善交易机制的通知》开展各种新能源电力交易，扩大跨区消纳，进一步加强新能源的送出和消纳工作。我国电力市场交易规模正在不断扩大，中国电力企业联合会的数据显示，2017 年全年累计完成交易电量 16 324 亿千瓦·时，同比增长 45%，占全社会用电量的 26%。2018 年上半年，市场化交易电量累计突破 8000 亿千瓦·时，同比增长 24.6%。电力交易市场化是不可逆转的趋势，具体而言，需要做到提高市场化交易电量规模、推进各类发电企业进入市场、放开符合条件的用户进入市场、积极培育售电市场主体以及完善市场化交易电量价格形成机制等。

参考文献

毕超. 2015. 中国能源活动碳排放峰值方案及政策研究[J]. 科技创新导报，12（5）：16-19，120.

蔡贵珍，王莹，黄家文，等. 2010. 风电工程节能减排环境效益计算方法探讨[J]. 人民长江，41（15）：23-26，37.

蔡立亚. 2013. 中长期新能源及可再生能源电力规划中若干问题研究[D]. 北京：中国科学院大学.

陈光. 2013. 中国建筑业能源消费状况的实证分析[J]. 内蒙古煤炭经济，（6）：1-2.

陈立斌. 2016. 可再生能源与核电减排二氧化碳经济性分析[J]. 中外能源，21（11）：30-34.

陈俊武，陈香生. 2011. 中国中长期碳减排战略目标初探（III）：石油能源产品在交通运输等行业中的应用和碳减排[J]. 中外能源，16（7）：1-13.

陈荣荣，孙韵琳，陈思铭，等. 2015. 并网光伏发电项目的 LCOE 分析[J]. 可再生能源，33（5）：731-735.

程胜. 2009. 中国农村能源消费及能源政策研究[D]. 武汉：华中农业大学.

崔和瑞，王娣. 2010. 基于 VAR 模型的我国能源-经济-环境（3E）系统研究[J]. 北京理工大学学报（社会科学版），12（1）：23-28.

丁宁，杨建新，吕彬. 2016. 中国省级火电供应生命周期清单分析[J]. 生态学报，36（22）：7192-7201.

段宏波，朱磊，范英. 2014. 能源-环境-经济气候变化综合评估模型研究综述[J]. 系统工程学报，29（6）：852-868.

樊杰，李平星. 2011. 基于城市化的中国能源消费前景分析及对碳排放的相关思考[J]. 地球科学进展，26（1）：57-65.

方国昌，田立新，傅敏，等. 2013. 新能源发展对能源强度和经济增长的影响[J]. 系统工程理论与实践，33（11）：2795-2803.

冯超，马晓茜. 2008. 秸秆直燃发电的生命周期评价[J]. 太阳能学报，29（6）：711-715.

龚道仁，陈迪，袁志钟. 2013. 光伏发电系统碳排放计算模型及应用[J]. 可再生能源，31（9）：1-4，9.

龚强，于华深，蔺娜，等. 2008. 辽宁省风能、太阳能资源时空分布特征及其初步区划[J]. 资源科学，30（5）：654-661.

谷立静，郁聪. 2011. 我国建筑能耗数据现状和能耗统计问题分析[J]. 中国能源，33（2）：38-41.

郭敏晓. 2012. 风力、光伏及生物质发电的生命周期 CO_2 排放核算[D]. 北京：清华大学.

郭全英. 2002. 中国风力发电成本研究[D]. 沈阳：沈阳工业大学.

郭正权，刘海滨，牛东晓. 2012. 基于 CGE 模型的我国碳税政策对能源与二氧化碳排放影响的模拟分析[J]. 煤炭工程，1（1）：138-140.

国际能源网. 2018. 补贴拖欠超过 143 亿，生物质发电电价政策该如何定[EB/OL]. [2018-11-08].

http://www.in-en.com/article/html/energy-2275030.shtml.
国家发展和改革委员会能源研究所课题组. 2009. 中国2050年低碳发展之路-能源需求暨碳排放情景分析[M]. 北京：科学出版社.
国家能源局. 2016.2015年光伏发电相关统计数据[EB/OL]. [2016-02-05]. http://www.nea.gov.cn/2016-02/05/c_135076636.htm.
国务院发展研究中心. 2017.解决弃水弃风弃光问题须加强规划协调[EB/OL]. [2017-11-15]. http://www.drc.gov.cn/xscg/20171115/182-473-2894818.htm.
胡菊. 2012. 大型风电场建设对区域气候影响的数值模拟研究[D]. 兰州：兰州大学.
胡颖，诸大建. 2015. 中国建筑业CO_2排放与产值、能耗的脱钩分析[J]. 中国人口·资源与环境，25（8）：50-57.
黄建. 2012. 基于LEAP的中国电力需求情景及其不确定性分析[J]. 资源科学，34（11）：2124-2132.
黄静，汪毅，汪永祥. 2014. 光伏发电节能减排环境效益计算方法探讨[J]. 华北电力技术，（10）：67-70.
霍沫霖. 2012. 中国光伏发电成本下降潜力分析[J]. 能源技术经济，24（5）：7-11.
戢时雨，高超，陈彬，等. 2016. 基于生命周期的风电场碳排放核算[J]. 生态学报，36(4)：915-923.
姜克隽，胡秀莲，庄幸，等. 2009. 中国2050年低碳情景和低碳发展之路[J]. 中外能源，14（6）：1-7.
蒋俊霞，杨丽薇，李振朝，等. 2019. 风电场对气候环境的影响研究进展[J]. 地球科学进展，34（10）：1038-1049.
金豫佳，吴长淋. 2012. 生活垃圾焚烧发电温室气体减排计算的研究[J]. 能源与环境，（6）：52-54.
兰海强，孟彦菊，张炯. 2014. 2030年城镇化率的预测：基于四种方法的比较[J]. 统计与决策，（16）：66-70.
蓝澜，刘强，陈梓，等. 2013. 新能源比传统能源成本更高吗？：基于LCOE方法的中国风电与火电成本比较[J]. 西部论坛，23（3）：66-72.
李稻葵. 2017. 十九大后的中国经济：从2018到2035和2050[J]. 新财富，（11）：82-85.
李钢，张磊，姚磊磊. 2009. 中国风力发电社会成本收益分析[J]. 经济研究参考，（52）：44-49.
李国庆，张春华，张丽，等. 2016. 风电场对草地植被生长影响分析：以内蒙古灰腾梁风电场为例[J]. 地理科学，36（6）：959-964.
李红强，王礼茂. 2010. 中国低碳能源发展潜力及对国家减排贡献的初步研究[J]. 第四纪研究，30（3）：473-480.
李柯，何凡能，席建超. 2010. 中国陆地风能资源开发潜力区域分析[J]. 资源科学，32（9）：1672-1678.
李一平，杜成勋，陈永琼，等. 2009. 攀枝花太阳能资源评价[J]. 高原山地气象研究，29（1）：44-50.
联合国开发计划署. 2016. 2016中国人类发展报告[R]. 北京：中译出版社.
林琳，赵黛青，魏国平，等. 2006. 生物质直燃发电系统的生命周期评价[J]. 华电技术，28（12）：18-23.
刘刚，沈镭. 2007. 中国生物质能源的定量评价及其地理分布[J]. 自然资源学报，22（1）：9-19.
刘固望，王安建. 2017. 工业部门的终端能源消费“S”形模型研究[J]. 地球学报，38（1）：30-36.

刘慧，张永亮，毕军. 2011. 中国区域低碳发展的情景分析：以江苏省为例[J]. 中国人口·资源与环境，21（4）：10-18.
刘嘉，陈文颖，刘德顺. 2011. 基于中国 TIMES 模型体系的低碳能源发展战略[J]. 清华大学学报（自然科学版），51（4）：525-529，535.
刘立涛. 2011. 基于 DPSIR 模型的中国能源安全时空演进及其评价[D]. 北京：中国科学院大学.
刘贞，张希良，何建坤. 2012. 基于动态成本曲线的可再生能源发电目标分解模型[J]. 中国电机工程学报，32（11）：9-15，138.
刘志彬，任爱胜，高春雨，等. 2014. 中国农业生物质资源发电潜力评估[J]. 中国农业资源与区划，35（4）：133-140.
龙妍，丰文先，王兴辉. 2016. 基于 LEAP 模型的湖北省能源消耗及碳排放分析[J]. 电力科学与工程，32（5）：1-6，19.
卢红，李振宇，李雪静，等. 2014. 我国汽柴油消费现状及中长期预测[J]. 中外能源，19（1）：18-24.
马翠萍，史丹，丛晓男. 2014. 太阳能光伏发电成本及平价上网问题研究[J]. 当代经济科学，36（2）：85-94，127.
马丽，刘立涛. 2016. 基于发达国家比较的中国能源消费峰值预测[J]. 地理科学，36（7）：980-988.
马忠海. 2002. 中国几种主要能源温室气体排放系数的比较评价研究[D]. 北京：中国原子能科学研究院.
潘鹏飞. 2014. 基于 LEAP 模型的河南省交通运输节能减排潜力分析[D]. 郑州：河南农业大学.
申彦波. 2010. 近 20 年卫星遥感资料在我国太阳能资源评估中的应用综述[J]. 气象，36（9）：111-115.
申彦波，常蕊，杜江，等. 2015. 吐鲁番地区可利用太阳能资源分析[J]. 高原气象，34(2)：470-477.
沈镭，刘立涛，王礼茂，等. 2015. 2050 年中国能源消费的情景预测[J]. 自然资源学报，30（3）：361-373.
宋栋，何永秀. 2017. 基于双因素学习曲线的风力发电成本研究[J]. 东北电力技术，38（9）：1-3.
苏剑，周莉梅，李蕊. 2013. 分布式光伏发电并网的成本/效益分析[J]. 中国电机工程学报，33（34）：50-56，11.
苏璟，谭忠富，严菲. 2008. 能源消费弹性系数计算方法及其实例分析[J]. 中国能源，30（8）：26-29.
万圣. 2022. “十四五”时期我国能源发展趋势及低碳转型建议[J]. 环境保护，50（8）：36-41.
王德良. 2013. 影响我国光伏发电成本的主要因素研究[D]. 北京：华北电力大学.
王海林，何晓宜，张希良. 2015. 中美两国 2020 年后减排目标比较[J]. 中国人口·资源与环境，25（6）：23-29.
王恰. 2020. 中国风电产业 40 年发展成就与展望[J]. 中国能源，42（9）：28-32，9.
王珊珊，张寒，杨红强. 2019. 中国人造板行业的生命周期碳足迹和能源耗用评估[J]. 资源科学，41（3）：521-531.
王伟，赵黛青，杨浩林，等. 2005. 生物质气化发电系统的生命周期分析和评价方法探讨[J]. 太阳能学报，26（6）：752-759.
王文蝶，牛叔文，齐敬辉，等. 2014. 中国城镇化进程中生活能源消费与收入的关联及其空间差异分析[J]. 资源科学，36（7）：1434-1441.

王云，朱宇恩，张军营，等. 2015. 中国煤炭产业生命周期模型构建与发展阶段判定[J]. 资源科学，37（10）：1881-1890.
吴凡. 2019. 基于 LCA 理论的风电项目碳减排效果分析[D]. 北京：华北电力大学.
吴明，姜国强，贾冯睿，等. 2018. 基于物质流和生命周期分析的石油行业碳排放[J]. 资源科学，40（6）：1287-1296.
谢建湘. 2014. 光伏发电成本控制的有效措施[J]. 中国市场，（35）：47-48.
谢泽琼，马晓茜，黄泽浩，等. 2013. 太阳能光伏发电全生命周期评价[J]. 环境污染与防治，35（12）：106-110.
新华网. 2020. 习近平在气候雄心峰会上的讲话(全文)[N/OL].(2020-12-12)[2021-01-25]. https://baijiahao.baidu.com/s？id = 1685886202481384721&wfr = spider&for = pc.
许遐祯，郑有飞，杨丽慧，等. 2010. 风电场对盐城珍禽国家自然保护区鸟类的影响[J]. 生态学杂志，29（3）：560-565.
薛桁，朱瑞兆，杨振斌，等. 2001. 中国风能资源贮量估算[J]. 太阳能学报，22（2）：167-170.
杨金焕. 2008. 光伏系统减排 CO_2 潜力的分析[C]. 上海：中国太阳能光伏会议.
杨帅. 2013. 我国可再生能源补贴政策的经济影响与改进方向：以风电为例[J]. 云南财经大学学报，29（2）：64-74.
杨卫华，初金凤，吴哲，等. 2013. 基于 LCA 和 CDM 方法学的垃圾焚烧发电过程中碳减排的计算研究[J]. 节能，32（11）：20-23.
袁小康，谷晓平，王济. 2011. 中国太阳能资源评估研究进展[J]. 贵州气象，35（5）：1-4.
詹晓燕. 2011. 多晶硅—光伏系统全生命周期碳排放研究[D]. 扬州：扬州大学.
张从光，邱凌，王飞，等. 2018. 基于 LCA 的黄土高原沼气生态果园环境影响研究[J]. 农业环境科学学报，37（4）：833-840.
张峰玮，曾琳. 2014. 未来中长期我国居民生活用煤需求预测[J]. 中国煤炭，40（6）：5-8.
张健，廖胡，梁钦锋，等. 2009. 碳税与碳排放权交易对中国各行业的影响[J]. 现代化工，29(6)：77-82.
张雯，刘瑞丰，刘静，等. 2013. 基于多影响因素分析的光伏发电成本及走势预测模型[J]. 陕西电力，41（11）：17-20.
张晓娣，刘学悦. 2015. 征收碳税和发展可再生能源研究：基于 OLG-CGE 模型的增长及福利效应分析[J]. 中国工业经济，（3）：18-30.
赵文会，毛璐，王辉，等. 2016. 征收碳税对可再生能源在能源结构中占比的影响：基于 CGE 模型的分析[J]. 可再生能源，34（7）：1086-1095.
赵晓丽，王顺昊. 2014. 基于 CO_2 减排效益的风力发电经济性评价[J]. 中国电力，47(8)：154-160.
赵永，王劲峰. 2008. 经济分析 CGE 模型与应用[M]. 北京：中国经济出版社.
郑挺颖. 2018.我国 1/3 左右能源被建筑业消耗,从建筑大国到建筑强国必须“绿”[EB/OL]. [2018-05-28]. https://mp.weixin.qq.com/s?src=11×tamp=1685064700&ver=4551&signature=JN7c56Hiln2mIlkEtm5DiD2lsLWWwDqLc-TZOwVGtoZX0M0-YfNBSx52rMSFch7-pleuv5t*K89avd25tUjxoT6PYlI1TqGRC5-S7susqbRP8WrT3*RbwmwBNoQ6mMyb&new=1.
郑照宁，刘德顺. 2004. 中国风电投资成本变化预测[J]. 中国电力，37（7）：77-80.
中国产业信息网. 2017. 2016 年汽车保有量私家车总量、百户家庭拥有量及机动车驾驶人数量呈现迅猛增长趋势分析[EB/OL]. [2017-01-24]. http://www.chyxx.com/industry/201701/490612.html.

中国产业信息网. 2016. 2017年中国小水电发展现状与前景展望[EB/OL]. [2016-12-01]. http://www.chyxx.com/industry/201612/473278.html.
中国电力企业联合会. 2016. 2015年电力统计基本数据一览表[EB/OL]. [2016-09-22]. http://www.cec.org.cn/guihuayutongji/tongjxinxi/niandushuju/2016-09-22/158761.html.
中国能源研究会. 2016. 中国能源展望2030[M]. 北京：经济管理出版社.
中国能源中长期发展战略研究项目组. 2011a. 中国能源中长期（2030、2050）发展战略研究：可再生能源卷[M]. 北京：科学出版社.
中国能源中长期发展战略研究项目组. 2011b. 中国能源中长期（2030、2050）发展战略研究：综合卷[M]. 北京：科学出版社.
中国经济网. 2015. 全国政协委员贺禹：规模化发展核电是治理雾霾的必由之路[EB/OL]. [2015-03-06]. http://district.ce.cn/zg/201503/06/t20150306_4747585.shtml.
中国可再生能源发展战略研究项目组. 2008a. 中国可再生能源发展战略研究丛书：太阳能卷[M]. 北京：中国电力出版社.
中国可再生能源发展战略研究项目组. 2008b. 中国可再生能源发展战略研究丛书：风能卷[M]. 北京：中国电力出版社.
中国可再生能源学会. 2016. 可再生能源与低碳社会[M]. 北京：中国科学技术出版社.
中国循环经济协会可再生能源专业委员会. 2016.2016 中国风电发展报告[EB/OL]. [2016-9-30]. https://doc.mbalib.com/view/d594ece40c002e179a1979836938b278.html.
周晟吕，石敏俊，李娜，等. 2012. 碳税对于发展非化石能源的作用：基于能源-环境-经济模型的分析[J]. 自然资源学报，27（7）：1101-1111.
周亮. 2015. 我国风机制造业学习曲线研究[D]. 柳州：广西科技大学.
周荣卫，何晓凤，朱蓉. 2010. MM5/CALMET模式系统在风能资源评估中的应用[J]. 自然资源学报，25（12）：2101-2113.
周扬，吴文祥，胡莹，等. 2010. 西北地区太阳能资源空间分布特征及资源潜力评估[J]. 自然资源学报，25（10）：1738-1749.
朱飙，李春华，陆登荣. 2009. 甘肃酒泉区域风能资源评估[J]. 干旱气象，27（2）：152-156.
朱成章. 2010. 关于中国风能资源储量的质疑[J]. 中外能源，15（4）：34-38.
朱开伟，刘贞，吕指臣，等. 2015. 中国主要农作物生物质能生态潜力及时空分析[J]. 中国农业科学，48（21）：4285-4301.
朱永彬，刘晓，王铮. 2010. 碳税政策的减排效果及其对我国经济的影响分析[J]. 中国软科学，（4）：1-9.
邹洋. 2015. 我国新能源和可再生能源的替代效应分析[J]. 经济体制改革，（6）：185-190.
邹治平，马晓茜. 2003. 风力发电的生命周期分析[J]. 中国电力，36（9）：83-87.
Spadaro J V，Langlois L，Hamilton B. 2000. 不同电力生产链的温室气体排放评估差异[J]. 国际原子能机构通报，41（2）：19-24.
AIE. 2018. Key World Energy Statistics 2018[M]. Paris：International Energy Agency.
Alsaleh A，Sattler M. 2019. Comprehensive life cycle assessment of large wind turbines in the US[J]. Clean Technologies and Environmental Policy，21（4）：887-903.
Amorim F，Pina A，Gerbelová H，et al. 2014. Electricity decarbonisation pathways for 2050 in Portugal：A TIMES（The Integrated MARKAL-EFOM System）based approach in closed versus

open systems modelling[J]. Energy，69（5）：104-112.

An J J，Zou Z，Chen G P，et al. 2021. An IoT-based life cycle assessment platform of wind turbines[J]. Sensors，21（4）：1233.

Arrow K J. 1962. The economic implications of learning by doing[J]. The Review of Economic Studies，29（3）：155-173.

Asakura K，Collins P，Nomura K，et al. 2000. CO_2 emission from solar power satellite through its life cycle comparison of power generation systems using Japanese input-output tables[C] //13th International Conference on Input-Output Techniques，Macerata：96-112.

Bhandari R，Kumar B，Mayer F. 2020. Life cycle greenhouse gas emission from wind farms in reference to turbine sizes and capacity factors[J]. Journal of Cleaner Production，277：123385.

BP. 2019. BP Energy Outlook 2019[EB/OL]. [2019-03-10]. https://www.bp.com/ content/dam/bp/business-sites/en/global/corporate/pdfs/energy-economics/energy-outlook/bp-energy-outlook-2019.pdf.

Chen Z，Guerrero J M，Blaabjerg F. 2009. A review of the state of the art of power electronics for wind turbines[J]. IEEE Transactions on Power Electronics，24（8）：1859-1875.

Chipindula J，Botlaguduru V，Du H，et al. 2018. Life cycle environmental impact of onshore and offshore wind farms in Texas[J]. Sustainability，10（6）：2022.

Davidson M R，Zhang D，Xiong W，et al. 2016. Modelling the potential for wind energy integration on China's coal-heavy electricity grid[J]. Nature Energy，1（7）：16086.

Davidsson S，Höök M，Wall G. 2012. A review of life cycle assessments on wind energy systems[J]. The International Journal of Life Cycle Assessment，17（6）：729-742.

EIA. 2014. International energy outlook 2013[EB/OL]. [2014-09-02]. http://www.eia.gov/forecasts/ieo/pdf/0484(2013). pdf.

Farajian L，Moghaddasi R，Hosseini S. 2018. Agricultural energy demand modeling in Iran：Approaching to a more sustainable situation[J]. Energy Reports，4：260-265.

Fei R，Lin B. 2017. Estimates of energy demand and energy saving potential in China's agricultural sector[J]. Energy，135：865-875.

Fitch A C. 2015. Climate impacts of large-scale wind farms as parameterized in a global climate model[J]. Journal of Climate，28（15）：6160-6180.

Fox A D，Petersen I K. 2019. Offshore wind farms and their effects on birds[J]. Dansk Ornitologisk Forenings Tidsskrift，113：86-101.

Gao C K，Na H M，Song K H，et al. 2019. Environmental impact analysis of power generation from biomass and wind farms in different locations[J]. Renewable and Sustainable Energy Reviews，102：307-317.

Gkantou M，Rebelo C，Baniotopoulos C. 2020. Life cycle assessment of tall onshore hybrid steel wind turbine towers[J]. Energies，13（15）：3950.

Haapala K R，Prempreeda P. 2014. Comparative life cycle assessment of 2.0 MW wind turbines[J]. International Journal of Sustainable Manufacturing，3（2）：170-185.

Hammer A，Heinemann D，Hoyer C，et al. 2003. Solar energy assessment using remote sensing technologies[J]. Remote Sensing of Environment，86（3）：423-432.

Hauschild M Z，Huijbregts M A J. 2015. Introducing Life Cycle Impact Assessment[M]. Dordrecht：Springer，2015.

Herbert G M J，Iniyan S，Sreevalsan E，et al. 2007. A review of wind energy technologies[J]. Renewable and Sustainable Energy Reviews，11（6）：1117-1145.

Hong J，Shen G Q，Guo S，et al. 2016. Energy use embodied in China's construction industry：A multi-regional input-output analysis[J]. Renewable and Sustainable Energy Reviews，53：1303-1312.

Hong L，Möller B. 2011. Offshore wind energy potential in China：Under technical，spatial and economic constraints[J]. Energy，36（7）：4482-4491.

Huang Y F，Gan X J，Chiueh P T. 2017. Life cycle assessment and net energy analysis of offshore wind power systems[J]. Renewable Energy，102：98-106.

Huijbregts M A J，Steinmann Z J N，Elshout P M F，et al. 2016. ReCiPe2016：A harmonized life cycle impact assessment method at midpoint and endpoint level[J]. The International Journal of Life Cycle Assessment，22（2）：138-147.

Ibenholt K. 2002. Explaining learning curves for wind power[J]. Energy Policy，30（13）：1181-1189.

IEA. 2019. World energy outlook 2019[EB/OL]. [2019-11-30]. https://www.iea.org/reports/world-energy-outlook-2019.

IPCC. 2006. 2006 IPCC guidelines for national greenhouse gas inventories[EB/OL]. [2018-02-20]. https://www. ipcc-nggip. iges.or.jp/public/2006gl/chinese.

IRENA. 2019. International renewable energy agency[R]. Abu Dhabi：International Renewable Energy Agency.

Jimenez B，Durante F，Lange B，et al. 2007. Offshore wind resource assessment with WAsP and MM5：Comparative study for the German Bight[J]. Wind Energy，10（2）：121-134.

Johansson T B，Patwardhan A，Nakicenovic N，et al. 2012. Global Energy Assessment：Toward a Sustainable Future[M]. Cambridge：Cambridge University Press.

Kahouli-Brahmi S. 2008. Technological learning in energy-environment-economy modelling：A survey[J]. Energy Policy，36（1）：138-162.

Kaygusuz K，Türker M F. 2002. Biomass energy potential in Turkey[J]. Renewable Energy，26（4）：661-678.

Keith D W，DeCarolis J F，Denkenberger D C，et al. 2004. The influence of large-scale wind power on global climate[J]. Proceedings of the National Academy of Sciences of the United States of America，101（46）：16115-16120.

Klein S A，Theilacker J C. 1981. An algorithm for calculating monthly-average radiation on inclined surfaces[J]. Journal of Solar Energy Engineering，103（1）：29-33.

Kouloumpis V，Sobolewski R，Yan X Y. 2020. Performance and life cycle assessment of a small scale vertical axis wind turbine[J]. Journal of Cleaner Production，247：119520.

Krohn S. 2009. The economics of wind energy：A report by the European Wind Energy Association[R]. Brussels：The European Wind Energy Association.

Lauri P，Havlík P，Kindermann G，et al. 2014. Woody biomass energy potential in 2050[J]. Energy Policy，66（3）：19-31.

Lee S，Kim K，Choi W，et al. 2011. Annoyance caused by amplitude modulation of wind turbine noise[J]. Noise Control Engineering Journal，59（1）：38-46.

Li J Y，Li S S，Wu F. 2020. Research on carbon emission reduction benefit of wind power project based on life cycle assessment theory[J]. Renewable Energy，155：456-468.

Lin L，Fan Y，Xu M，et al. 2017. A decomposition analysis of embodied energy consumption in China's construction industry[J]. Sustainability，9（9）：1583-1595.

Liu Z，Guan D，Wei W，et al. 2015. Reduced carbon emission estimates from fossil fuel combustion and cement production in China[J]. Nature，524（7565）：335-338.

McDonald A，Schrattenholzer L. 2001. Learning rates for energy technologies[J]. Energy Policy，29（4）：255-261.

Mello G，Dias M F，Robaina M. 2020. Wind farms life cycle assessment review：CO_2 emissions and climate change[J]. Energy Reports，6：214-219.

Mendecka B，Lombardi L. 2019. Life cycle environmental impacts of wind energy technologies：A review of simplified models and harmonization of the results[J]. Renewable and Sustainable Energy Reviews，111：462-480.

Nakata T，Lamont A. 2001. Analysis of the impacts of carbon taxes on energy systems in Japan[J]. Energy Policy，29（2）：159-166.

Nemet G F. 2006. Beyond the learning curve：Factors influencing cost reductions in photovoltaics[J]. Energy Policy，34（17）：3218-3232.

Poulsen A H，Raaschou-Nielsen O，Peña A，et al. 2019. Long-term exposure to wind turbine noise and risk for myocardial infarction and stroke：A nationwide cohort study[J]. Environmental Health Perspectives，127（3）：37004.

Pryor S C，Barthelmie R J，Bukovsky M S，et al. 2020. Climate change impacts on wind power generation[J]. Nature Reviews Earth & Environment，1（12）：627-643.

Schreiber A，Marx J，Zapp P. 2019. Comparative life cycle assessment of electricity generation by different wind turbine types[J]. Journal of Cleaner Production，233：561-572.

Scrimgeour F，Oxley L，Fatai K. 2005. Reducing carbon emissions? The relative effectiveness of different types of environmental tax：The case of New Zealand[J]. Environmental Modelling & Software，20（11）：1439-1448.

Solaun K，Cerdá E. 2020. Impacts of climate change on wind energy power-four wind farms in Spain[J]. Renewable Energy，145：1306-1316.

Stökler S，Schillings C，Kraas B. 2016. Solar resource assessment study for Pakistan[J]. Renewable and Sustainable Energy Reviews，58：1184-1188.

Sun H W，Luo Y，Zhao Z C，et al. 2018. The impacts of Chinese wind farms on climate[J]. Journal of Geophysical Research：Atmospheres，123（10）：5177-5187.

Telli C，Voyvoda E，Yeldan E. 2008. Economics of environmental policy in Turkey：A general equilibrium investigation of the economic evaluation of sectoral emission reduction policies for climate change[J]. Journal of Policy Modeling，30（2）：321-340.

Vestas. 2005. Life cycle assessment of offshore and onshore sited wind power plants based on Vestas V90-3 MW Turbines[R]. Hedeager：Vestas Wind Systems A/S.

Vestas. 2019. Life cycle assessment of electricity production from an onshore V150-4. 2 MW Wind Plant[R]. Hedeager：Vestas Wind Systems A/S.

Vestas. 2004. Life cycle assessment of offshore and onshore sited wind farms[R]. Hedeager：Vestas Wind Systems A/S.

Wang C E，Prinn R G. 2010. Potential climatic impacts and reliability of very large-scale wind farms[J]. Atmospheric Chemistry and Physics，10（4）：2053-2061.

Wang L K，Wang Y，Du H B，et al. 2019a. A comparative life-cycle assessment of hydro-，nuclear and wind power：A China study[J]. Applied Energy，249：37-45.

Wang S F，Wang S C，Liu J X. 2019b. Life-cycle green-house gas emissions of onshore and offshore wind turbines[J]. Journal of Cleaner Production，210：804-810.

Weinzettel J，Reenaas M，Solli C，et al. 2009. Life cycle assessment of a floating offshore wind turbine[J]. Renewable Energy，34（3）：742-747.

Wissema W，Dellink R. 2007. AGE analysis of the impact of a carbon energy tax on the Irish economy[J]. Ecological Economics，61（4）：671-683.

Wright T P. 1936. Factors affecting the cost of airplanes[J]. Journal of the Aeronautical Sciences，3（4）：122-128.

Xia G，Cervarich M C，Roy S B，et al. 2017. Simulating impacts of real-world wind farms on land surface temperature using the WRF model：Validation with observations[J]. Monthly Weather Review，145（12）：4813-4836.

Yang Z，Wang D，Du T，et al. 2018. Total-factor energy efficiency in China's agricultural sector：Trends，disparities and potentials[J]. Energies，11（4）：853.

Zhang M，Zhang Q. 2020. Grid parity analysis of distributed photovoltaic power generation in China[J]. Energy，206：118165.

附　录

附表 1　2000～2015 年居民生活用能分品类统计

年份	煤炭/万吨	焦炭/万吨	汽油/万吨	煤油/万吨	柴油/万吨	天然气/亿米^3	电力/(亿千瓦·时)	液化石油气/万吨	热力/亿千焦
2000	8 457	137.2	228	72.2	178	32.3	1 452	858.3	232.34
2001	8 410	134.2	244.6	75	199.2	42.1	1 609.2	856	233.69
2002	8 413	115.1	273.8	40.7	213.92	46.2	1 771.4	969.1	266.13
2003	9 005	113	338.8	36.4	277.9	52	2 058	1 112.7	336.66
2004	9 768	105.2	456.54	27.4	373.7	67.2	2 384.5	1 350.5	413.95
2005	10 039	90.3	524	25.5	406	79.4	2 885	1 328.7	520.44
2006	10 036	90.4	615.74	22.73	469.6	103	3 351.6	1 501.2	569.48
2007	9 761	81.4	778.4	19.5	545.32	143.4	4 062.7	1 637.9	576.89
2008	9 148	65	855.14	12.7	592.1	170.1	4 396.1	1 457	627.65
2009	9 122	49	999.08	20.23	652.91	177.67	4 872.2	1 495.7	670.00
2010	9 159	43.5	1214	20.5	771	226.9	5 125	1 537	674.10
2011	9 212	41.1	1459	23.5	895	264.4	5 620	1 607.2	700.44
2012	9 253	37.9	1667	25.6	964	288.3	6 219	1 635.4	776.08
2013	9 290	38	1896	27.9	982	322.9	6 989	1 845.6	814.71
2014	9 253	36.4	2119	28.9	984	342.6	7 176	2 173.1	864.82
2015	9 347	31.2	2593	29.1	991	359.8	7 565	2 549.3	938.41

资料来源：《中国能源统计年鉴 2001～2016》。

附表 2　2000～2015 年商住用能分品类统计

年份	煤炭/万吨	焦炭/万吨	汽油/万吨	煤油/万吨	柴油/万吨	燃料油/万吨	天然气/亿米^3	电力/(亿千瓦·时)	液化石油气/万吨	热力/亿千焦
2000	1461	35.7	69.84	14	95.97	11.6	3.4	419	55.5	7.44
2001	1588	39.7	69.04	12.47	98.07	12.3	5	460	60.4	8.37
2002	1771	42.6	74.22	13	110.79	12.3	6.1	500	62.6	8.11
2003	2091	47.5	78.09	11.24	105.53	22.8	7	613	64.4	8.53
2004	2410	53.4	119.8	3.63	108.99	25	9.2	705.4	91.3	12.22
2005	2627	64.1	129.39	3.67	116.03	27.5	10.8	752	99	10.62
2006	2796	65.4	123.34	3.77	129.77	21.44	13.2	847.3	113.9	16.34

续表

年份	煤炭/万吨	焦炭/万吨	汽油/万吨	煤油/万吨	柴油/万吨	燃料油/万吨	天然气/亿米^3	电力/(亿千瓦·时)	液化石油气/万吨	热力/亿千焦
2007	2964	71	131.73	4.9	133.94	24.8	17.1	930	131.6	16.36
2008	3092	7.5	135.28	20.82	152.72	6.3	18	1017.4	51.4	18.16
2009	3201	4	147.52	29.15	181.74	8.11	23.96	1136.8	63.2	14.89
2010	3192	5.1	168.18	34.98	196.6	8.6	27.2	1292	72.6	39.02
2011	3572	9.2	177.14	32.18	212.31	9.3	33.6	1503	69	43.05
2012	3752	6.7	200	28.64	229	8.7	38.7	1691	76	47.59
2013	3966	35.8	220.86	13.39	233.51	19.1	39.3	1877	78.5	50.65
2014	3767	46.6	217.8	11.28	230.13	17.4	46.6	1996	86.6	57.31
2015	3864	40.1	243.3	11.68	257.74	19	51.3	2122	84	61.14

资料来源：《中国能源统计年鉴 2001～2016》。

附表 3　2000～2015 年交通运输用能分品类统计

年份	煤炭/万吨	焦炭/万吨	原油/万吨	汽油/万吨	煤油/万吨	柴油/万吨	燃料油/万吨	天然气/亿米^3	电力/(亿千瓦·时)	液化石油气/万吨	热力/亿千焦
2000	882	11.24	175.1	1528	535.9	3294	850	8.8	281	16.5	7.44
2001	841	11.68	169.81	1564.4	560.7	3421	855	11	309.3	17	8.37
2002	852	11.44	175.94	1658.5	716.8	3784.8	852.1	16.4	303	28.6	8.11
2003	958	10.79	148.31	1961.64	741.7	4435.2	940.29	19	407	36.1	8.53
2004	828	1.79	123.82	2334.5	919.71	5497.2	1150.45	26.2	450	35.9	12.22
2005	811	1.07	126.9	2430	952.4	6169	1201.02	38	430	48.7	10.62
2006	770	0.85	163.7	2592.4	1010.5	6677.32	1515.61	44.2	467.4	54.7	16.34
2007	696	0.55	163.7	2613.2	1130	7339.4	1604.95	47	532	55.5	16.36
2008	665	0.29	165.7	3090.4	1174.6	7997.31	1142.77	72	572	56.7	18.16
2009	641	0.14	153.42	2881.6	1314.3	7991.96	1251.63	91.07	617	56.6	14.89
2010	639	0	158	3275	1601.1	8658	1326.65	106.7	735	61	16.38
2011	646	0	105.4	3574	1646.4	9485	1345.16	138.3	848	65.5	19.89
2012	614	0	119.4	3778	1787.1	10727	1383.94	154.5	915	68.1	22.65
2013	615	2	148.7	4382	1998.2	10921	1428.99	175.8	1001	89.4	22.90
2014	558	3	44.9	4665	2216	11043	1486.37	214.4	1059	91.8	24.08
2015	492	3	35.9	5307	2504.9	11163	1439.49	237.6	1126	100.3	28.10

资料来源：《中国能源统计年鉴 2001～2016》。

附表 4　2000～2015 年建筑业用能分品类统计

年份	煤炭/万吨	焦炭/万吨	汽油/万吨	煤油/万吨	柴油/万吨	燃料油/万吨	天然气/亿米^3	电力/(亿千瓦·时)	液化石油气/万吨	热力/亿千焦
2000	537	19	116	4	206	16.7	0.8	160	8.9	1.36
2001	505	24	116.7	3.5	223.1	16.2	1	155	9.5	1.57
2002	514	23.4	112.32	0	242	19.1	1	154.1	12.8	1.82
2003	527	21	113.7	0	276.23	17.8	1	180	8.9	2.16
2004	572	17	156.5	0	333.13	21.4	1.4	202.1	8.71	4.18
2005	604	18.4	172	0	387	14.2	1.5	234	6.3	4.65
2006	652	19	180.75	0	428.7	16.34	2	271	7.5	4.94
2007	639	17.5	178.83	0	433.82	30.74	2.1	309	7.2	5.93
2008	625	11	196.2	9.7	370.8	37.7	1	367.3	6.16	4.94
2009	659	6	235.43	10.39	415.29	34.18	0.97	421.9	6.5	6.42
2010	731	5.8	275	8.8	490	30.8	1.2	483	7.2	6.62
2011	797	4.8	283	10.8	519	30.6	1.3	572	7.2	6.23
2012	767	6.3	287	7.9	518	27.1	1.3	608	6.8	6.88
2013	811	7.7	326	11.4	557	59.5	2	675	14.7	7.79
2014	914	9.7	331	10.4	552	44.6	1.9	722	16.8	8.14
2015	878	6.7	409	12.5	556	53.5	2.2	699	15.1	9.04

资料来源：《中国能源统计年鉴 2001～2016》。

附表 5　2000～2015 年工业用能分品类统计

年份	煤炭/万吨	焦炭/万吨	原油/万吨	汽油/万吨	煤油/万吨	柴油/万吨	燃料油/万吨	天然气/亿米^3	电力/(亿千瓦·时)	液化石油气/万吨	热力/亿千焦
2000	121 807	10 554.6	21 052.1	682	84	1 696	2 975.1	199	10 005	426.1	1 165.88
2001	128 976	11 642.4	21 236.2	705.1	86	1 799.81	2 949.3	215	10 945	441.7	1 233.86
2002	138 942	12 522.1	22 512.5	717.64	107.4	1 879.41	2 820.9	223	12 402.2	521.9	1 303.02
2003	167 521	15 650	25 027.1	632.9	87.8	1 721.2	3 336.8	251.4	14 170	546.8	1 359.15
2004	194 421	17 811.1	28 885.5	507.4	60.9	1 883.9	3 631.7	279	16 424.3	493.1	1 415.40
2005	224 766	24 860.9	29 962.1	442	57.5	1 710	2 986.9	327.2	18 522	534.4	1 662.91
2006	251 630	28 059	32 081.5	498.5	48.2	1 725.24	2 903.9	399	21 268	541.2	1 767.79
2007	271 307	30 932.2	33 867.9	524.5	45.24	1 813.5	2 484.2	480	24 291	455.6	1 860.28
2008	281 808	31 977	35 344.7	586.11	49.1	2 181.4	2 039.1	532	25 389	499.4	1 793.72

续表

年份	煤炭/万吨	焦炭/万吨	原油/万吨	汽油/万吨	煤油/万吨	柴油/万吨	燃料油/万吨	天然气/亿米³	电力/(亿千瓦·时)	液化石油气/万吨	热力/亿千焦
2009	305 900	36 243	37 975.2	671.1	32.04	2 043.58	1 521.5	577.9	26 854.5	478.5	1 838.74
2010	329 728	38 598.7	42 716.6	689	40.2	2 090	2 377.3	691.8	30 872	586.8	2 175.89
2011	368 916	41 952.1	43 860.4	605	34.2	1 824	2 260.2	875.7	34 692	661.1	2 333.93
2012	391 191	44 694.8	46 559.5	581	32	1 748	2 241.7	980.7	36 232	621	2 483.91
2013	403 157	45 694	48 503.4	523	27.4	1 676	2 421.1	1 129.	39 237	705.1	2 616.09
2014	390 497	46 749.6	51 502.1	489	17.4	1 595	2 835.7	1 221.	40 803	835	2 674.95
2015	375 650	43 923	54 052.4	477	21.2	1 516	3 133	1 234.5	41 550	1 113.9	2 806.11

资料来源：《中国能源统计年鉴 2001～2016》。

附表 6　2000～2015 年农林牧渔业用能分品类统计

年份	煤炭/万吨	焦炭/万吨	汽油/万吨	煤油/万吨	柴油/万吨	燃料油/万吨	电力/(亿千瓦·时)	液化石油气/万吨	热力/亿千焦
2000	1051	71	89	1.5	697	0.4	532.96	0.4	0.39
2001	1153	67.5	93.42	1.52	742.95	0.42	582.39	0.3	0.39
2002	1267	76.2	101.55	1.4	819	0.41	606.23	0	0.46
2003	1473	74	116.5	1.35	939.08	0.6	693.15	0	0.50
2004	1654	69	134	1.08	1092.	0.66	768.87	5.12	0.52
2005	1802	63.5	160	1.6	1286	0.7	776.33	3.5	0.54
2006	1872	56	167.75	1.54	1365.5	0.7	827.04	4.7	0.62
2007	1956	57.2	172.8	0.94	1219	1	879	6.2	0.82
2008	2023	53.1	160.44	1.3	1098.9	1.5	887.1	3.71	0.82
2009	2081	45	168.06	0.76	1134.2	1.05	939.9	4.1	0.83
2010	2147	47	169	0.9	1207	1.1	976.49	4.7	0.91
2011	2207	54.1	186	1.5	1272	1.3	1012.9	5.6	0.91
2012	2266	57.5	193	1.2	1335	2	1012.57	6.4	1.13
2013	2451	69.2	199	1.2	1442	2	1026.87	6.8	1.19
2014	2579	34.9	217	0.8	1492	1.3	1013.39	7.1	0.89
2015	2625	49	231	1.1	1493	0.9	1039.83	7.2	1.07

资料来源：《中国能源统计年鉴 2001～2016》。

附表 7 不同方案下各类电源装机容量、有效利用小时数、发电量预测

情景	能源类型	装机容量/亿千瓦					发电量/(亿千瓦·时)					有效利用小时数/时				
		2020 年	2025 年	2030 年	2035 年	2040 年	2020 年	2025 年	2030 年	2035 年	2040 年	2020 年	2025 年	2030 年	2035 年	2040 年
基础发展情景	风电	1.95	2.69	3.40	4.10	4.75	3 516	4 840	6 118	7 372	8 546	1 800	1 800	1 800	1 800	1 800
	光伏发电	1.72	3.85	5.51	6.89	7.99	2 237	5 011	7 158	8 961	10 389	1 300	1 300	1 300	1 300	1 300
	生物质发电	0.19	0.28	0.37	0.44	0.49	1 012	1 459	1 916	2 286	2 524	5 200	5 200	5 200	5 200	5 200
	核电	0.41	0.59	0.78	0.93	1.03	2 680	3 866	5 075	6 056	6 687	6 500	6 500	6 500	6 500	6 500
	水电	3.51	3.76	3.93	4.01	4.01	12 281	13 165	13 768	14 045	14 045	3 500	3 500	3 500	3 500	3 500
	火电	12.40	14.09	14.52	13.53	11.62	61 986	70 463	72 591	67 639	58 084	5 000	5 000	5 000	5 000	5 000
低碳发展情景	风电	2.22	3.35	4.66	6.11	7.44	3 993	6 199	8 845	11 919	14 874	1 800	1 850	1 900	1 950	2 000
	光伏发电	2.02	4.93	7.65	10.05	12.23	2 631	6 534	10 332	13 817	17 116	1 300	1 325	1 350	1 375	1 400
	生物质发电	0.23	0.37	0.51	0.63	0.74	1 292	2 024	2 786	3 488	4 044	5 500	5 500	5 500	5 500	5 500
	核电	0.51	0.88	1.31	1.72	2.09	3 448	5 915	8 850	11 620	14 137	6 750	6 750	6 750	6 750	6 750
	水电	3.67	4.03	4.31	4.43	4.43	13 932	15 307	16 360	16 823	16 823	3 800	3 800	3 800	3 800	3 800
	火电	11.26	11.60	10.92	9.77	8.39	51 779	53 343	50 216	44 928	38 581	4 600	4 600	4 600	4 600	4 600
强化低碳情景	风电	2.53	4.35	6.56	9.03	11.53	4 561	8 256	13 127	18 970	25 364	1 800	1 900	2 000	2 100	2 200
	光伏发电	2.39	6.52	11.09	15.84	20.21	3 102	8 808	15 522	22 965	30 321	1 300	1 350	1 400	1 450	1 500
	生物质发电	0.28	0.48	0.69	0.91	1.10	1 690	2 872	4 141	5 438	6 616	6 000	6 000	6 000	6 000	6 000
	核电	0.63	1.27	2.16	3.09	3.94	4 391	8 905	15 133	21 618	27 591	7 000	7 000	7 000	7 000	7 000
	水电	3.85	4.42	4.83	5.05	5.18	15 393	17 672	19 319	20 204	20 715	4 000	4 000	4 000	4 000	4 000
	火电	10.20	9.60	8.50	6.79	4.98	42 845	40 333	35 714	28 514	20 926	4 200	4 200	4 200	4 200	4 200

附表 8　瓜州某风电场 LCOE 计算参数与结果

成本类型	具体参数	数值	计算值	20 年合计
投资成本	动态总投资	202 657 万元		
	折旧	25 年，年均 7 577 万元	7 577 万元	151 540 万元
运维成本	年运维成本	2 516 万元	2 516 万元	55 463.45 万元
	年保险费	440 万元	440 万元	8 800 万元
	材料费、工资福利及其他费用	850 万元	850 万元	20 652.76 万元
财务成本	经营期	20 年	20 年	
	资本金比例	30%	30%	
	贷款条件	利率 4.926%，20 年，年贷款利息 6 988 万元，支出利息 5 109 万元，3.6%	5 109 万元	102 180 万元
	增值税及其附加税	17%，即征即退 50%；8%	2 079.67 万元	41 593.40 万元
	所得税	25%，三免三减半	变化	4 391.50 万元
	土地使用税	63.33 万元	63.33 万元	1 266.6 万元
	资金内部收益率	8%		
	残值率	4%	7 826.76 万元	7 826.76 万元
其他参数	设计年发电时长	2 078 小时	2 078 万元	
	实际有效发电时长	1 000 小时	1 000 万元	
	用电率	3%	0.03	
	装机容量	201 兆瓦	201 000 千瓦	
	项目批复上网电价	0.520 6 元/(千瓦·时)	0.520 6 元/(千瓦·时)	
中间量	初始投资 Civs			204 754 万元
	运维成本 Cop		3 806 万元	84 916.22 万元
	财务成本 Cfn		7 643.34 万元	152 866.76 万元
	Q_n		4.051 5 亿千瓦·时	81.03 亿千瓦·时
	理论年成本（除去所得税）			442 536.98 万元
	理论年成本（加上所得税）			446 928.48 万元
	理论年销售收入		21 091.99 万元	417 490.88 万元
LCOE			0.551 6 元/(千瓦·时)	

资料来源：由课题组成员在甘肃调研座谈获得。